图形图像处理

（Photoshop CC + Illustrator CC）

孙宏仪　主　编

葛艳玲　江永春　刘泰宏　副主编

電子工業出版社

Publishing House of Electronics Industry

北京·BEIJING

内 容 简 介

本书根据教育部颁发的《中等职业学校专业教学标准（试行）信息技术类（第一辑）》中的相关教学内容和要求编写。本书的编写从满足经济发展对高素质劳动者和技能型人才的需求出发，在课程结构、教学内容、教学方法等方面进行了新的探索与改革创新，以利于学生更好地掌握本课程的内容，利于学生理论知识的掌握和实际操作技能的提高。

全书共 14 章。第 1 章主要介绍了平面设计以及计算机图形图像方面的基础知识。第 2 章～第 8 章主要介绍了 Photoshop CC 的相关知识，主要包括 Photoshop CC 的基础操作，选择、图层、形状、路径、文字，绘制和修饰图像，色彩调整，通道与蒙版，滤镜的应用。第 9 章～第 14 章主要介绍了 Illustrator CC 的相关知识，主要包括 Illustrator CC 的基本操作，绘制与着色、画笔和文字的应用、复合图形以及应用效果与图层样式。

本书是计算机平面设计的专业核心课程教材，也可作为各类计算机平面设计培训班的教材，还可以供计算机平面设计人员参考学习。本书配有教学指南、电子教案和案例素材，详见前言。

未经许可，不得以任何方式复制或抄袭本书之部分或全部内容。

版权所有，侵权必究。

图书在版编目（CIP）数据

图形图像处理．Photoshop CC + Illustrator CC / 孙宏仪主编．—北京：电子工业出版社，2016.10

ISBN 978-7-121-24958-7

Ⅰ．①图… Ⅱ．①孙… Ⅲ. ①图象处理软件 Ⅳ.①TP391.41

中国版本图书馆 CIP 数据核字（2014）第 275671 号

策划编辑：杨　波
责任编辑：郝黎明
印　　刷：北京捷迅佳彩印刷有限公司
装　　订：北京捷迅佳彩印刷有限公司
出版发行：电子工业出版社
　　　　　北京市海淀区万寿路 173 信箱　邮编　100036
开　　本：787×1 092　1/16　印张：16.25　字数：416 千字
版　　次：2016 年 10 月第 1 版
印　　次：2024 年 9 月第 6 次印刷
定　　价：34.00 元

凡所购买电子工业出版社图书有缺损问题，请向购买书店调换。若书店售缺，请与本社发行部联系，联系及邮购电话：（010）88254888，88258888。

质量投诉请发邮件至 zlts@phei.com.cn，盗版侵权举报请发邮件至 dbqq@phei.com.cn。

本书咨询联系方式：（010）88254617，Luomn@phei.com.cn。

前言 | PREFACE

为建立健全教育质量保障体系，提高职业教育质量，教育部于 2014 年颁布了中等职业学校专业教学标准（以下简称专业教学标准）。专业教学标准是指导和管理中等职业学校教学工作的主要依据，是保证教育教学质量和人才培养规格的纲领性教学文件。在"教育部办公厅关于公布首批《中等职业学校专业教学标准（试行）》目录的通知"（教职成厅[2014]11 号文）中，强调"专业教学标准是开展专业教学的基本文件，是明确培养目标和规格、组织实施教学、规范教学管理、加强专业建设、开发教材和学习资源的基本依据，是评估教育教学质量的主要标尺，同时也是社会用人单位选用中等职业学校毕业生的重要参考。"

本书特色

Photoshop 和 Illustrator 是当今流行的图像处理软件和矢量图形设计软件，被广泛应用于平面设计、包装装潢、彩色出版等诸多领域，是每一位从事计算机艺术设计的人员所必须掌握的绘图软件。

本书是根据职业院校教师和学生的实际需求，以 Photoshop CC 和 Illustrator CC 为平台，以平面设计的典型应用为主线，采用了案例教学法，通过多个精彩实用的设计案例，全面系统地讲解了如何利用 PhotoshopCC 和 IllustratorCC 来完成专业的平面设计项目，达到学以致用的目的。不仅可以使读者学习到两个软件各自独特的功能，还能够各取所长，搭配使用，提高工作效率，设计创作出更完美的作品。每章节后还提供了主要知识点的复习题，以巩固对知识点的理解，并帮助读者快速地掌握软件的使用技巧。

全书共 14 章。第 1 章主要介绍了平面设计以及计算机图形图像方面的基础知识。第 2 章～第 8 章主要介绍了 Photoshop CC 的相关知识，主要包括 Photoshop CC 的基础操作，选择、图层、形状、路径、文字，绘制和修饰图像，色彩调整，通道与蒙版，滤镜的应用。第 9 章～第 14 章主要介绍了 Illustrator CC 的相关知识，主要包括 Illustrator CC 的基本操作，绘制与着色、画笔和文字的应用、复合图形以及应用效果与图层样式。

本书作者

本书由孙宏仪主编，葛艳玲、江永春、刘泰宏副主编。由于编者水平有限，加之时间仓促，书中难免存在疏漏之处，敬请广大读者批评指正。

教学资源

为了提高学习效率和教学效果，方便教师教学，作者为本书配备包括电子教案、教学指南、素材文件、微课，以及习题参考答案等配套的教学资源。请有此需要的读者登录华信教育资源网免费注册后进行下载，有问题时请在网站留言板留言或与电子工业出版社联系（E-mail:hxedu@phei.com.cn）。

编　者

CONTENTS | 目录

第1章

平面设计概述

内容导读

　　本章重点介绍了平面设计的基础知识，如平面设计的构成要素、平面设计相关术语、图像色彩模式及平面设计中的艺术创意等，从而为下一步的设计制作做好准备，同时，通过本章的学习使读者熟悉 Photoshop CC 及 Illustrator CC 的界面及运行环境。

1.1　平面设计基础知识

1.1.1　平面设计基本概念

　　设计一词来源于英文"Design"，以中文来讲，则有"人为设定，先行计算，预估达成"的含意，是把计划、规划、设想通过视觉的形式传达出来的活动过程。传统的设计领域只有图案设计、工艺美术和建筑学。作为现代主义运动的一部分，视觉传达设计、工业产品造型、环境设计（室内设计和景观设计）逐渐发展成为设计领域的独立分支，并统一为"艺术设计"。这是一种崭新的视觉文化。

　　平面设计（Graphics Design）作为艺术设计其中的一个分支，由于它的广泛性与普遍性使之成为设计领域内最具重要性一个门类，包括装潢、展示、服装、环艺、影视、建筑、工业、教学等等。由于平面设计的范畴很广，现在比较流行的叫法为"视觉传达设计（Visual Communication Design）"，是指人们为了传递信息所进行的有关图像、文字、图形方面的设计。它具有艺术性和专业性，以"视觉"作为沟通和表现的方式，通过多种方式来创造，并结合符号、图片及文字来传达设计者的想法或信息的视觉表现。如图 1-1 所示。

图 1-1　世界自然基金会 WWF 公益广告

1.1.2　平面设计三要素

作为平面设计的重点，平面设计的构成元素主要包括了色彩、图片和文字三大内容。

1．色彩

色彩是视觉的第一印象，是人的视觉最敏感的元素，图形和文字都离不开色彩的表现。所以我们接触到的平面设计作品，首先锁住视线的就是它的色彩，其次是图像，最后才是文字。色彩处理得好，能令设计效果事半功倍。

色彩是由色相（Hue）、明度（Brightness）、饱和度（Saturation）三个要素组成的。色相是色彩的首要特征，是区别各种不同色彩最直观的属性，即各类色彩的相貌称谓；明度是指色彩的明暗程度；色彩的饱和度是指色彩的鲜艳度或纯净程度，表示颜色中所含有色成分的比例。如图 1-2 所示。

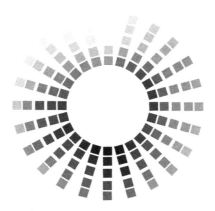

图 1-2　色彩由色相、明度、纯度三个要素组成

不同的色彩通过视觉神经传入大脑后，与以往的记忆及经验产生联想，引起人们情感上的共鸣，从而形成一系列的色彩心理反应。

比如红色可以具体联想到火、血、太阳等，具有刺激效果，容易使人产生冲动，给人以热情，活力的感觉；而蓝色可以具体联想到大海、天空、水等，使人感觉凉爽、清新，具有平静、理智的特征。黑色有时感觉沉默、恐惧，有时感觉庄严、肃穆。白色有时感觉纯净、明朗，有时却感觉虚空和悲哀。灰色具有安静、温和和高雅的感觉。如图 1-3 所示。

色彩的表现直接影响着作品情绪的表达。要表现出平面设计作品的主题和创意，充分展现色彩的魅力，必须认真分析研究色彩的各种因素，把握好色彩的冷暖对比、明暗对比、纯度对比、面积对比、混合调合、面积调合、明度调合、色相调合、倾向调合等等，通过色彩的基本性格表达设计理念，从而赋予作品设计个性，让色彩突显设计意图。

图 1-3　色彩心理

2．图片

图片具有形象化、具体化、直接化的特性，它能够形象地表现设计主题和创意，是平面设计主要的构成要素，对设计理念的陈述和表达起着决定性的作用，并在一定程度上满足了人们的审美需求。因此，设计者在确定了设计主题后，就要根据主题来选取和设计制作合适的图片。

图片在选取上要考量图片的主题、构图的独特性，只有别具一格、突破常规的图片才能迅速捕获观众的注意，便于公众对设计主题的认识、理解与记忆。图片可以是绘画作品、摄影作品等，表现形式可以有写实、象征、卡通、装饰、构成等手法。如图 1-4 所示。

图 1-4　不同风格的图片

3．文字

文字是平面设计中不可缺少的构成要素，是对一件平面设计作品所传达意思的归纳和提示，它能够更有效地传达作者的意图，表达设计的主题和理念。因此，文字的排列组合、字号、字体的选择和运用直接影响着设计作品的视觉传达效果。

文字的排列组合可以左右人的视线。视线的流动是有趣的，水平线使人们的视线左右移动，垂直线则使视线上下移动，斜线因有不安定的感觉，往往最能吸引公众的视线。作平面设计时掌握好视觉的规律，使视觉流程能够体现构思的形式美，符合整体节奏和艺术规律，更好地表现作品所需传达的内容。

图1-5　文字在设计作品中的应用

合适的字号是设计者控制整个画面层次、详略的关键。文字太大，必然喧宾夺主，干扰了主题画面对公众的视觉传达；反之文字太小，不利于突出设计思想，降低公众对作品主题的摄取。

字体则表达了一种文字风格和审美趣味，选用不同的字体不仅可以准确地反映作品的主题意旨，还可以加强作品的时代感，以达到形神合一。如图 1-5 所示。综上所述，色彩、图片、文字三者及其相互关系是一个平面设计者必须用心研究的，设计者必须要明确其中的主次关系，从而相互影响、相互衬托，运用并处理好这几个要素，从而以整体构成的视觉思想和冲击，有效地引领公众的视线，切入作品主题。

1.1.3　平面设计分类

目前常见的平面设计项目，大致可以分为：广告设计、包装设计、VI 设计、书籍设计、网页设计等，种类繁多，相互依存渗透。

1．广告设计

广告设计是指从创意到制作的整个过程，主要是对图形图像、色彩、文字、版面等表达元素，结合不同类型广告媒体的传播特点，为达到一定的广而告之的目的和意图，所进行的具有创意的设计活动或过程。

广告设计根据传播媒介来分类包括印刷类广告、电子类广告、实体广告；根据广告的内容分类包括商业广告、文化广告、社会广告、政府公告，根据广告的目的分类分为产品广告、公共关系广告、公益广告。如图 1-6～图 1-8 所示。

图1-6　矿泉水广告　　　　图1-7　城市形象广告　　　　图1-8　公益广告

2．包装设计

包装的功能是保护商品、传达商品信息、方便使用、易于运输、促进销售、提高产品附加值。包装设计作为一门综合性学科，具有商品和艺术相结合的双重性。在平面设计中包装设计主要指为商品进行外包装的美化设计。如图 1-9 和图 1-10 所示。

图 1-9　手提袋设计　　　　　　　　　　图 1-10　蔬菜包装

3．VI 设计

VI 即（Visual Identity 视觉识别系统），是 CIS（Corporate Identity System 企业形象识别系统）系统中最具传播力和感染力的部分。通过 VI 的形象表现，将 CIS 的非可视内容转化为静态的视觉识别符号，以丰富多样的应用形式，在最为直接广泛的层面上，进行强而有效的传播。设计到位、实施科学的 VI，是传播企业经营理念、建立企业知名度、塑造企业形象、吸引公众的注意力、提高企业员工认同感的快速便捷之途。

VI 设计一般包括基础部分和应用部分两大系统。基础要素系统包括：企业名称、企业标志、标准字、标准色、标准印刷字体、象征图案、宣传口号、禁用规则等；应用系统包括：标牌旗帜、办公用品、公关用品、环境设计、包装设计、陈列展示、服装配饰、交通工具、印刷出版物等。如图 1-11 所示。

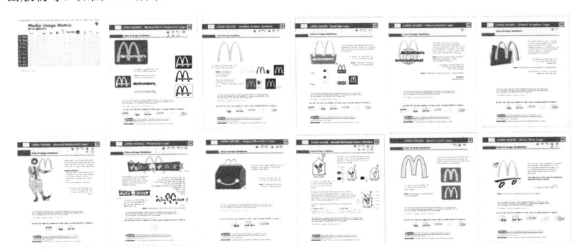

图 1-11　麦当劳 VI

4．书籍设计

书籍设计的范围包括对书籍的开本、装帧形式、封面、腰封、字体、版面、色彩、插图、以及纸张材料、印刷、装订及工艺等各个环节的艺术设计，使阅读功能和审美要求辩证地统一起来。如图 1-12 所示。

5. 网页设计

网页设计是根据企业希望向浏览者传递的信息，包括产品、服务、理念、文化等，进行网站功能策划，然后通过使用合理的颜色、字体、图片、样式进行页面设计美化。作为企业对外宣传内容的一种，精美的网页设计，在网络如此发达的现代社会，对于提升企业的互联网品牌形象至关重要。如图 1-13 和图 1-14 所示。

图 1-12　俄罗斯《World of dolls》

图 1-13　CHANEL 手表官方网站　　　　图 1-14　儿童阅读学习网站

1.2　平面设计专业知识

进行图形图像处理的时候，不仅仅需要了解设计方面的基础知识，还要深入了解所涉及的计算机图形图像方面的专业知识，为设计制作打好基础。

1.2.1　像素和分辨率

1. 像素

像素（pixel）是构成位图图像的基本单位，是最基本的元素。这种最小的图形单元在屏幕上显示为单个的染色点。在同一图像单位面积里的像素越多，图像也就越清晰，否则显示为马赛克。如图 1-15 所示。

图 1-15　同一图像单位面积像素多少的差异

2. 分辨率

分辨率（Image resolution），又称解像度、解析度，用来衡量对图像细节的分辨能力。由于屏幕上的点线面都是由像素组成的，分辨率越高代表图像品质越好，越能表现出更多的细节；但相对的，因为纪录的信息越多，也会占用更多的内存。所以，针对不同的设备，要选择适当的分辨率。分辨率一般分为以下五种：

图像分辨率：单位面积内所含像素点的多少。图像分辨率的单位通常用像素/英寸（ppi)来表示。图像分辨率以比例关系影响着文件的大小，即文件大小与其图像分辨率的平方成正比。如果保持图像尺寸不变，将图像分辨率提高 1 倍，则其文件大小增大为原来的四倍。例如，一个分辨率为 72 像素/英寸的图像，一平方英寸内包含 5184 个像素；而一个分辨率为 144 像素/英寸的图像，一平方英寸内则包含 20736 个像素。

显示分辨率：指显示器上每单位长度显示的像素或点的数目，通常以点/英寸（dpi）为计量单位。同一图像的显示尺寸会随着分辨率的增大而变小。

打印机分辨率：是指打印机指每平方英寸上印刷的网点数，单位是点/英寸（dpi）。需要说明的是，印刷上计算的网点大小（dot）和计算机屏幕上显示的像素（pixel）是不同的。

扫描分辨率：是指每英寸扫描所得到的点，单位也是点/英寸（dpi）。它表示一台扫描仪输入图像的细微程度，数值越大，表示被扫描的图像转化为数字化图像越逼真，扫描仪质量也越好。一般情况下，图像分辨率应该是网屏分辨率的 2 倍，这是目前中国大多数输出中心和印刷厂都采用的标准。

网屏分辨率：指的是印刷图像所用网屏每英寸上等距离排列多少条网线，即挂网网线数，以 lpi 来表示。例如 150lpi 是指每英寸加有 150 条网线。网线越多，表现图像的层次越多，图像质量也就越好。

1.2.2　位图和矢量图

数字化图像分为两种方法——位图和矢量图。由于存储的方法截然不同，这两种图呈现出来的外观和应用领域也不尽相同。位图适用于表现具有丰富色彩和不规则形状变化的图像，如照片、绘画和数字化视频等表现力丰富的图像。矢量格式适用于表现具有简洁规律的形状、线条和色彩的图形，常用于标志设计、文字设计、图案设计等。如图 1-16 和图 1-17 所示。

图 1-16　位图　　　　　　　　　　图 1-17　矢量图

1．位图图像

使用数码相机拍摄的照片、使用扫描仪扫描的图片以及在屏幕上抓取的图像都属于位图。位图也叫做点阵图、像素图、栅格图，简单地说，就是最小单位"像素"构成的图。将位图放大到一定程度时，可以看到一个个方形的色块，图像变得模糊，边缘出现锯齿。位图就是由像素阵列的排列来实现其显示效果的，每个像素都有自己属性的颜色信息。如图 1-18 所示。

图 1-18　位图原始大小显示与放大显示

2．矢量图形

矢量图又称为面向对象图像，简称向量图，是用数学曲线即贝塞尔曲线构成的，它们在计算机内部被表示成一系列的数值而不是像素点。每个数值都具有颜色、形状、轮廓、大小和屏幕位置等属性。由于这种保存图形信息的方法与分辨率无关，因此矢量图形最大的特点是不论怎么缩放，都不会降低清晰度或丢失细节，也不会出现锯齿状失真。如图 1-19 所示。

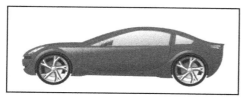

图 1-19　矢量图原始大小显示与放大显示

1.2.3　图像的色彩模式

色彩模式，是将某种颜色表现为数字形式的模型，或者说是一种记录图像颜色的方式。因此，了解一些有关色彩的基本知识和常用色彩模式，对于图像处理中的颜色的调配和修改是大有裨益的。

1．RGB 模式

RGB 模式由红（R）、绿（G）、蓝（B）三个基本颜色组成，通过混合这三种基本光色的方式产生新的颜色，其原理称为"加色"原理。每一种颜色都有 256 种不同的亮度值，可以产生 1670 余万种颜色（256×256×256）。该颜色主要用于屏幕显示，电视机和计算机的监视器都是基于 RGB 颜色模式来创建其颜色的。

2．CMYK 模式

CMYK 模式是一种专门针对印刷业设定的颜色标准，通过对青（C）、洋红（M）、黄（Y）、黑（K）四个颜色变化以及它们相互之间的叠加来得到各种颜色，通过颜料未吸收而反射出来的光线来判断颜色，其原理称为"减色"原理。

3. Lab 模式

Lab 模式是由国际照明委员会（CIE）于 1976 年公布的一种色彩模式，理论上包括了人眼可见的所有色彩。分别用亮度通道（L）和两个颜色通道（a、b）来表示色彩，a 通道表示从绿（低亮度值）到灰（中亮度值）到红（高亮度值），b 通道表示从蓝（低亮度值）到灰（中亮度值）到黄（高亮度值）。Lab 颜色模式可以表示的颜色最多，颜色更为明亮且与光线和设备无关，不管使用什么设备（如显示器、打印机、计算机或扫描仪）创建或输出图像，这种颜色模型产生的颜色都保持一致。

4. 灰度模式

灰度模式以黑白灰的色阶来表现图像的颜色明度和层次，没有色度、饱和度等色彩信息。灰度模式可以使用多达 256 级灰度来表现图像，使图像的表现更平滑细腻。

5. 位图模式

位图模式用由黑白两种像素构成的图像模式，所以位图模式的图像也叫做黑白图像，它包含的信息最少。当一幅彩色图像要转换成黑白模式时，不能直接转换，必须先将图像转换成灰度模式。

色域是一个色系，能够显示或打印的颜色范围。人眼看到的色谱比任何颜色模型中的色域都宽。不同的色彩模式中，CMYK 色域较窄，仅包含使用印刷色油墨能够打印的颜色；RGB 色域包含能在计算机显示器或电视屏幕上所有能显示的颜色。Lab 具有最宽的色域，它包括 RGB 和 CMYK 色域中的所有颜色。如图 1-20 所示。

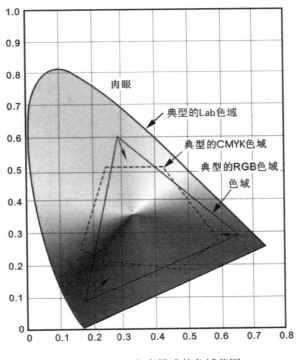

图 1-20 不同色彩模式的色域范围

1.2.4 图像的文件格式

理解图像文件格式的重要性，并不亚于掌握软件中的重要工具或命令，因为使用各种软件制作的图像归根到底要发布到各个领域，如果不能在各应用领域选择正确的文件格式，不仅所得到的效果会大打折扣，甚至可能无法得到正确的效果。

例如，在彩色印刷领域图像的文件格式要求为 TIFF，如果文件格式为 BMP 势必无法得到正确的分色结果，自然不能显示出正确的印刷效果。同样的道理，网络传输需要较小的图像文件，TIFF 文件格式则不太适合，而 GIF 或 JPEG 才是正确的选择。因此面对不同的工作任务选择不同的文件格式非常重要，下面介绍几种平面设计中使用非常频繁的图像文件格式。

1．TIFF

TIFF 格式是一种较为通用的无损压缩图像文件格式，几乎所有的绘画、图像编辑和页面排版应用程序，都能处理 TIFF 文件格式。TIFF 格式支持具有 Alpha 通道的 CMYK、RGB、Lab、索引颜色和灰度图像以及无 Alpha 通道的 Lab、索引模式、位图模式图像，并可以设置透明背景。

2．JPEG

JPEG 格式是目前互联网上最为常用的图像格式之一，它是一种有损压缩文件格式，压缩率高，存储的文件容量小，一般用于图像预览和 HTML 网页。但由于压缩文档容量是通过有选择地删除图像数据来进行的，因此图像质量有一定的损失。在将图像文件保存为 JPEG 格式时，可以选择压缩的级别，级别越高得到的图像质量越好，文件的容量也就越大。JPEG 格式支持 CMYK、RGB 和灰度颜色模式，也可以保存图像中的路径，但无法保存 Alpha 通道。如图 1-21 和图 1-22 所示。

图 1-21　压缩质量为 1 的 jpg 图像　　图 1-22　压缩质量为 12 的 jpg 图像

3．GIF

GIF 格式是 CompuServe 公司指定的图像格式，它能将图像存储成背景透明的形式，还能将多幅图像存成一个图像文件而连续播放形成动态效果。在 Internet 上，GIF 格式已成为页面图片的标准格式。但是 GIF 文件只有 256 种颜色，因此将原 24 位图像转换为 8 位的 GIF 文件时会导致丢失颜色信息。

4．BMP

BMP 格式是一种与设备无关的图像文件格式，它是标准的 Windows 和 OS/2 的图像文件格式，可对图像进行无损压缩，最高可支持 24 位的颜色深度，支持 RGB、索引色、灰度和位图色彩模式，但不能够保存 Alpha 通道，包含的图像信息较丰富，但是几乎不进行压缩，容易导致占用磁盘空间过大。

5．PSD

PSD 格式是 Photoshop 特有的图像模式，能够支持所有的图像类型，可包括图层、通道、路径等信息，支持 Photoshop 的所有颜色模式，修改非常方便。PSD 格式是一种非压缩的原始文件保存格式，文件容量较大。

6．EPS

EPS 文件格式可同时包含向量图形和位图图像，并且几乎所有的图形、图表和页面版式程序都支持该文件格式。当在 Photoshop 中打开包含向量图形的 EPS 文件时，Photoshop 会将向量图形转换为位图图像。EPS 格式支持 Lab、CMYK、RGB、索引颜色、双色调、灰度和位图颜色模式，但无法保存 Alpha 通道。

7．AI

AI 格式是 Illustrator 默认生成的矢量图形文件格式，也是一种可以保存分层细节的文件，用户可以对图形内保存的层进行单独的操作和编辑。

1.3 本章小结与重点回顾

本章主要介绍了平面设计中的一些基础知识，从整体上对平面设计基本概念与组成要素，平面设计的专业知识及要点作了明确而系统的阐释。通过本章的学习有助于读者在今后的学习中利用平面设计法则，掌握平面设计的技巧和方法，更加深入理解软件对于设计的重要性，做到灵活运用。

 本章重点

- 　 了解平面设计的三要素
- 　 像素和分辨率对图像显示的影响
- 　 明确位图和矢量图的差异
- 　 掌握图像的色彩模式
- 　 掌握图像的文件格式

习题 1

一、填空题

1．平面设计的构成元素主要包括了_____、_____、_____三大内容。

2．色彩是由_____、_____、_____三个要素组成的。

3．_____是构成位图图像的基本单位。

4．_____模式是一种专门针对印刷业设定的颜色标准。

5．在将图像文件保存为 JPEG 格式时，压缩级别越高得到的图像质量越_____，文件的容量越_____。

二、简答题

1．简要叙述位图图像和矢量图形的区别。

2．简述 RGB、CMYK 和 Lab 颜色模式的特点和主要用途。

3．TIFF、JPEG、GIF、PSD 的图片文件格式各有什么特点？

第 2 章

Photoshop CC 基础操作

内容导读

　　Adobe Photoshop，是 Adobe 公司旗下开发和发行的最为出色的图像处理软件。Photoshop 主要处理以像素所构成的数字图像，其众多的编辑与绘图工具，可以有效地进行图像编辑工作，在图像、图形、文字、视频、出版等各方面都有涉及。Adobe 公司推出的最新版本的 Photoshop CC，以智能化、多元化、云计算为未来发展的主导方向。本章重点介绍了 Photoshop CC 的工作环境，并通过本章的学习使读者能够运用 Photoshop CC 进行简单的图像制作。

2.1　Photoshop CC 的工作环境

　　打开 Photoshop CC 后，对软件熟悉的读者会发觉 Photoshop 的软件界面越来越简洁明快，新的 Photoshop cc 界面在基本配色和布局不变的情况下，更加注重与用户的交互性。

　　在 Photoshop CC 中打开或新建一个文档，此时 Photoshop CC 的工作界面由菜单栏、选项栏、工具箱、状态栏、控制面板、图像窗口等组成。如图 2-1 所示。

图 2-1　Photoshop CC 的工作界面

2.1.1　菜单栏

Photoshop CC 菜单栏中包括文件、编辑、图像、图层、类型、选择、滤镜、视图、窗口和帮助 10 个菜单。为了提高工作效率，Photoshop CC 中的大多数命令可通过快捷键来实现，如果该命令设置了快捷键，在菜单命令的后方就可以看到。

2.1.2　选项栏

工具选项栏用于设置当前使用工具的属性，还可以对其参数进行进一步调整。选择不同的工具，工具选项栏会随之发生相应的变化。

2.1.3　工具箱

工具箱中集合了 Photoshop CC 处理图像中使用最频繁的工具。工具箱的顶部有一个箭头按钮，单击该按钮可以将工具箱折叠成两列或单列显示。一些工具右下角的箭头表示该工具内还隐藏了其他工具。各工具的简单介绍如下。

工 具 组	工具名称	作　用
移动工具	移动工具	移动当前图层或所选区域
矩形选框工具 M 椭圆选框工具 M 单行选框工具 单列选框工具	矩形选框工具	可以创建一个矩形的选择范围
	椭圆选框工具	可以创建一个椭圆形的选择范围
	单行选框工具	可以在水平方向选择一行像素
	单列选框工具	可以在垂直方向选择一行像素
套索工具 L 多边形套索工具 L 磁性套索工具 L	套索工具	按住鼠标并拖动，可以选择一个不规则的选择范围
	多边形套索工具	选择一个多边形组成的区域
	磁性套索工具	不须按鼠标左键而直接移动鼠标，就会出现自动跟踪线，这条线总是走向颜色与颜色边界处，边界越明显磁力越强，将首尾连接后可完成选择
快速选择工具 W 魔棒工具 W	快速选择工具	通过调节选择工具画笔的大小，自由地绘制选择区域，包含在此区域内的所有图形都将被选取
	魔棒工具	按指定的容差值选择颜色相近的区域
裁剪工具 C 透视裁剪工具 C 切片工具 C 切片选择工具 C	裁剪工具	拖动裁剪边框裁剪图像
	透视裁剪工具	按照透视的方向对图像进行裁剪
	切片工具	用于切割制作网页的图像
	切片选择工具	选择编辑切片
吸管工具 I 颜色取样器工具 I 标尺工具 I 注释工具 I	吸管工具	用来吸取图像中某一种颜色
	颜色取样器工具	用于将吸取的颜色进行对比
	标尺工具	用于测量距离或角度
	注释工具	用于为图像添加文本注释

续表

工　具　组	工具名称	作　　用
污点修复画笔工具　J 修复画笔工具　J 修补工具　J 内容感知移动工具　J 红眼工具　J	污点修复画笔工具	用于去除图像中的瑕疵，无须采样
	修复画笔工具	用于采样或图像修复
	修补工具	用于较大面积采样或图像修复
	内容感知移动工具	用于移动所选区域放置到合适的位置，移动后的空隙位置会加以智能修复
	红眼工具	消除拍照时产生的红眼
画笔工具　B 铅笔工具　B 颜色替换工具　B 混合器画笔工具　B	画笔工具	可利用各种笔刷及大小绘制图像
	铅笔工具	绘制硬边笔刷图像
	颜色替换工具	按照不同的取样模式替换所选颜色
	混合器画笔工具	用设置好的混合画笔绘制仿手绘的效果
仿制图章工具　S 图案图章工具　S	仿制图章工具	将图像的取样部分复制到其他位置
	图案图章工具	使用所选图案进行复制
历史记录画笔工具　Y 历史记录艺术画笔工具　Y	历史记录画笔工具	通过画笔涂抹的方式将图像恢复至某一历史状态
	历史记录艺术画笔工具	通过画笔涂抹的方式将图像恢复至某一历史状态，并添加艺术效果
橡皮擦工具　E 背景橡皮擦工具　E 魔术橡皮擦工具　E	橡皮擦工具	用于擦除图像
	背景橡皮擦工具	可以将背景擦除成透明状态
	魔术橡皮擦工具	擦除色彩容值相近的像素
渐变工具　G 油漆桶工具　G	渐变工具	对图像进行渐变填充
	油漆桶工具	对图像填充纯色
模糊工具 锐化工具 涂抹工具	模糊工具	对图像进行局部模糊
	锐化工具	对图像进行局部清晰化
	涂抹工具	可以将颜色抹开，使相近的像素互相融合
减淡工具　O 加深工具　O 海绵工具　O	减淡工具	对图像提亮并将颜色减淡
	加深工具	对图像变暗并将颜色加深
	海绵工具	对图像的饱和度进行增减
钢笔工具　P 自由钢笔工具　P 添加锚点工具 删除锚点工具 转换点工具	钢笔工具	用于勾画路径
	自由钢笔工具	可以在图像中按住鼠标左键不放直接拖动，直接勾画出路径
	添加锚点工具	可在一条已勾完的路径中增加一个节点
	删除锚点工具	可在一条已勾完的路径中减少一个节点
	转换点工具	将路径的节点在曲线点和角点之间转换
横排文字工具　T 直排文字工具　T 横排文字蒙版工具　T 直排文字蒙版工具　T	横排文字工具	可在图像中输入横排文字
	直排文字工具	可在图像中输入直排文字
	横排文字蒙版工具	建立横向排列的文字蒙版
	直排文字蒙版工具	建立竖向排列的文字蒙版
路径选择工具　A 直接选择工具　A	路径选择工具	选择整条路径
	直接选择工具	选择、移动路径和路径上的锚点

续表

工 具 组	工具名称	作 用
矩形工具　U 圆角矩形工具　U 椭圆工具　U 多边形工具　U 直线工具　U 自定形状工具　U	矩形工具	绘制矩形形状、路径、像素
	圆角矩形工具	绘制圆角矩形形状、路径、像素
	椭圆工具	绘制椭圆形形状、路径、像素
	多边形工具	绘制多边形形状、路径、像素
	直线工具	绘制直线形状、路径、像素
	自定形状工具	绘制自定形状、路径、像素
抓手工具 旋转视图工具	抓手工具	用于移动无法全屏幕显示的图像
	旋转视图工具	按一定角度对画布进行旋转
	缩放工具	用于放大或缩小图像的显示比例
	颜色工具	默认前景色和背景色，单击后出现拾色器，可以选择颜色，并可在前景色和背景色之间互换
	蒙版工具	以快速蒙版模式编辑
标准屏幕模式　F 带有菜单栏的全屏模式　F 全屏模式　F	更改屏幕模式	在标准屏幕模式、带有菜单栏的全屏模式和全屏模式之间切换

2.1.4　状态栏

状态栏用于显示画面的缩放级别以及显示当前文档的相关信息。

2.1.5　控制面板

控制面板主要用于对图像进行某种特定的操作。单击"窗口"菜单，可以在下拉菜单中选择相应的控制面板，并可根据需要对控制面板进行调整。

2.1.6　图像窗口

图像窗口用于显示在 Photoshop CC 中打开或正在编辑的图像文件。

2.2　文件的基本操作

作图之前通常都要对当前的文件进行一些基本操作，所以掌握软件窗口的基本操作非常重要，这也是开始学习如何使用 Photoshop CC 的第一步。

2.2.1　新建文件

执行"文件→新建"命令或快捷键"Ctrl+N"，在弹出的"新建"对话框中设置文件的名称、高度、宽度、分辨率、颜色模式等参数后，单击"确定"按钮，即可新建一个文件。在对话框的"预设"下拉菜单中，包含了创建文件的常用类型，从而方便操作，增加工作效率。如图 2-2 所示。

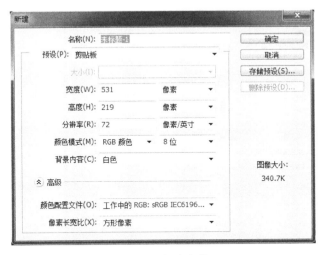

图 2-2　新建文件

2.2.2　打开文件

在 Photoshop CC 中，打开文件的方法有以下几种：

（1）执行"文件→打开"命令或快捷键"Ctrl+O"，在弹出的"打开"对话框中选择需要打开的文件后，单击"打开"即可打开一个已有的文件。

（2）执行"文件→最近打开文件"命令，选择需要打开的文件，即可打开一个最近使用过的文件。

（3）打开 Photoshop CC，拖曳要打开的文件到 Photoshop CC 的窗口，释放鼠标即可打开文件。

2.2.3　保存文件

在 Photoshop CC 中，保存文件的方法有以下几种：

（1）执行"文件→存储"命令或快捷键"Ctrl+S"，在弹出的"存储为"对话框中输入文件名称后，单击"保存"即可完成文件的保存。只有当前文件具有 Alpha 通道、图层、专色等，并且在"格式"下拉菜单中选择支持保存这些信息的文件格式时，对话框中的 Alpha 通道、图层、专色等选项才会被激活。

（2）如果需要将当前的文件存储为其他格式，或者需要修改文件的存储路径和名称等，可以执行"文件→存储为"命令或快捷键"Shift+Ctrl+S"，在弹出的"存储为"对话框中进行设置，单击"保存"即可完成对文件的修改。如图 2-3 所示。

图 2-3　保存文件

2.2.4　关闭文件

在 Photoshop CC 中，关闭文件的方法有以下几种：

（1）单击操作界面标题栏右上角的"×"按钮，即可将文件关闭。

（2）执行"文件→关闭"命令或快捷键"Ctrl+W"，即可关闭当前文件。

（3）执行"文件→退出"命令或快捷键"Ctrl+Q"，即可关闭当前文件并同时退出 Photoshop CC。

2.3　图像的基本操作

掌握了 Photoshop 对文件的一些基本操作后，还必须掌握有关图像的基本操作，这是制作图像的基础。

2.3.1　图像的复制和粘贴

在 Photoshop CC 中，图像的复制有很多方法，常用的有以下几种：

（1）按住"Ctrl+Alt"键拖动鼠标，可以复制当前图层或选区内容。

（2）使用"通过复制新建层（Ctrl+J）"命令或"通过剪切新建层（Shift+Ctrl+J）"命令，可以一步完成从拷贝到粘贴或从剪切到粘贴的工作。

（3）当需要多次复制时，为了节省时间，先用选择工具选定对象，而后点击移动工具，按住"Alt"键不放，当光标变成时，拖动鼠标到所需位置即可。

2.3.2　图像的裁切

平时经常会由于图像构图的原因遇到主体不够突出或者主体占画面太小的情况，这时就需要对图像进行裁剪。在 Photoshop CC 中可以使用以下两种方法进行裁剪。

（1）在工具栏选择矩形选框工具，在需要裁切的部分制作选区，执行"图像→裁剪"命令完成裁切操作。如图 2-4 所示。

图 2-4　使用矩形选框裁剪文件

（2）使用裁剪工具可以对图像进行更为直观的裁剪。选择裁剪工具，调整裁剪框的大小，双击或按"Enter"键确认操作。如图 2-5 所示。

图 2-5　使用裁剪工具裁剪文件

（3）使用透视裁剪工具修复透视失真的图像。在工具栏中选择透视裁剪工具，框选需要修正的主体，拖动裁剪框的手柄，调整角度至所需透视状态，按 Enter 键确认操作即可。如图 2-6 所示。

图 2-6　使用透视裁剪工具裁剪文件

（4）执行"图像→裁切"命令，可以把正确构图以外的边框删除。如图 2-7 所示。

图 2-7　使用裁切工具裁剪文件

2.3.3　图像大小调整

在 Photoshop 的应用中，修改图像尺寸的情况较为常见。执行"图像→图像大小"命令可以修改图像尺寸大小。如图 2-8 所示。

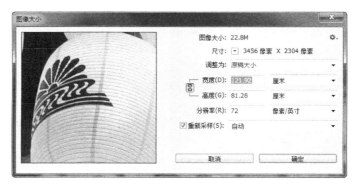

图 2-8　图像大小对话框

修改图像尺寸主要有两种方法：

第一种是在像素总量不变的情况下，通过降低像素来增加图片的物理尺寸，或者是通过缩小图像的物理尺寸来提高图像的分辨率。如果在数值框中输入了大于原值的数值，则图像的分辨率降低。反之，如果输入小于原值的数值，则会提高图片的分辨率。这两种操作都不会改变图片的数值总量。因此，对话框上方的尺寸像素总数不会发生变化。

　　第二种是像素总量发生变化，来改变图像的物理尺寸或者分辨率。在"图像大小"对话框中勾选"重新采样"，在"宽度"、"高度"中选择合适的单位，并在数值框中输入不同的数值，还可以在"分辨率"数值框中输入新的数值，来改变当前图像的分辨率。如果输入的数值小于原分辨率数值，则减少图像的像素总量，反之，则会增加图像的像素总量。如图 2-9 所示。

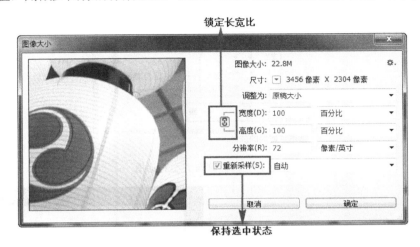

图 2-9　修改图像大小尺寸

　　由于 Photoshop 无法找回损失的图像细节，所以如果在像素总量变化的情况下将图像的尺寸变小，然后以同样的方法将图像放大，损失的图像细节不会再次出现。

　　图 2-10 所显示的为原图。图 2-11 是在像素总量发生变化的前提下，将图像尺寸变为原图尺寸 30% 的效果。图 2-12 是以同样的方法恢复到原来的尺寸后的效果。比较缩放前后的图像，可以看出恢复为原来大小的图像没有原图清晰。

图 2-10　原图　　　　　　　图 2-11　缩小后　　　　　　　图 2-12　恢复后

2.3.4　画布大小调整

　　Photoshop 中的画布跟现实中画布的意思是一样的，所有的图像操作都在画布上进行，很多时候需要对画布的大小进行调整。此时，可以执行"图像→画布大小"命令。如图 2-13 所示。

　　在"宽度"、"高度"对话框输入的数值大于原数值，可以扩展画布，反之，则裁剪画布。新的画布可以用背景色填充扩展所得到新区域。如图 2-14 所示。

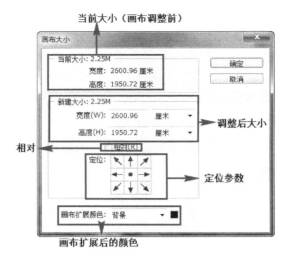

图 2-13　修改画布大小对话框

图 2-14　修改画布大小效果

在"画布大小"对话框中最重要的命令是"定位"参数，它决定了新画布和原来画布的相对位置，使用不同的定位选项会得到不同的效果。如图 2-15 所示。

图 2-15　修改画布位置

如果在修改画布时，新尺寸是参考原画布尺寸数值，可以选择对话框中的"相对"选项。在勾选此选项的情况下，在数值框中输入的数值，就是在宽度和高度上扩展或收缩的数值。

2.3.5　图像方向调整

执行"图像→图像旋转"命令，可以旋转图像。如图 2-16 所示。

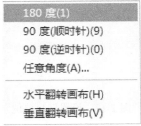

图 2-16　旋转图像

执行"图像→图像旋转→任意角度"命令，可以按照指定方向和角度自由旋转图像。如图 2-17 所示。

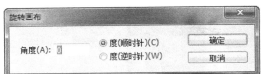

图 2-17　任意角度旋转图像

2.4　辅助绘图工具的应用

在现实绘图中我们经常会用到三角板、圆规、直尺等辅助绘图工具。同样，在 Photoshop 中也有类似的辅助绘图工具。

2.4.1　标尺

Photoshop 中的标尺可以帮助对操作对象进行测量。利用标尺不仅可以测量操作对象的大小，还可以从标尺上拖出参考线，用来帮助捕获图像边缘。

（1）显示和隐藏标尺。执行"视图→标尺"命令，可以显示或者隐藏标尺，或按快捷键"Ctrl+R"来快速显示标尺。

（2）设置标尺的单位。可以执行"编辑→首选项→单位与标尺"命令，在弹出的对话框中对标尺的单位进行设置。或者在文件标尺上单击鼠标右键，在弹出的快捷菜单中选择需要的单位来改变标尺的单位。如图 2-18 所示。

图 2-18　设置标尺单位

（3）设置标尺的原点。在 Photoshop 中，水平与垂直标尺的相交点称之为"原点"。在默认条件下，标尺的原点位于操作界面的左上角，并可以根据实际情况进行修改。将鼠标指针放置在两条标尺交界处，此时在此处鼠标指针会变成"+"字。按住鼠标左键不放，将"+"字相交线移动到想要设置的区域，然后释放左键，就可以重新定义标尺的原点。如图 2-19 所示。

图 2-19　设置标尺原点

2.4.2　参考线

参考线可以帮助用户对齐并且准确放置对象。可以在操作区域放置多条参考线，参考线是不会被打印出来的。

（1）要在画布中添加参考线，首先需要显示标尺，然后将指针放在水平或者垂直标尺上，按住鼠标左键不放，向画布内拖动，就可以分别在水平和垂直方向拖出参考线。效果如图 2-20 所示。

（2）锁定与解锁参考线。为了防止在操作中意外移动参考线，执行"视图→锁定参考线"命令，可以锁定当前操作界面的所有参考线。再次执行此命令，就可以解锁所有参考线。

（3）要清除一条或者多条参考线，首先确保所有的参考线在未锁定状态，然后使用移动工

具 ▶️ 将参考线拖回标尺，释放鼠标左键即可。如果要一次性清除所有参考线，可以执行"视图 →清除参考线"命令。

图 2-20　设置参考线

（4）执行"视图→显示→参考线"命令，可以显示操作页面所有的参考线。再次执行此命令，可以隐藏操作页面所有的参考线。

2.4.3　智能参考线

智能参考线可以根据需要自动选择显示或者隐藏参考线的状态。当进行对齐、移动、制作选区等操作时，如果不希望操作页面显示过多的参考线，可以执行"视图→显示→智能参考线"命令。

如图 2-21 所示，移动文字"水之源"所在的图层时，在开启智能参考线的状态下，当文字"水之源"能够和"WATER"产生某种对齐关系时，智能参考线就会显示出来。如果同时满足几种对齐关系，还会显示多条智能参考线。

图 2-21　设置参考线

2.4.4　网格

网格可以更直观的帮助用户对齐和放置对象，而且网格也是不会被打印出来的。

（1）显示与隐藏网格。执行"视图→显示→网格"命令，可以显示系统默认的网格，再次执行此命令，可以隐藏网格。

（2）对齐网格。执行"视图→对齐到→网格"命令。这样在绘制或者移动对象、选区、路径甚至是锚点时，会自动捕捉周围最近的一个网格点并与之对齐。如图 2-22 所示。

图 2-22　捕捉网格

2.5　实战演练

1．实战效果

本例是制作一个广告招贴画。通过本例，可以使大家了解和熟悉 Photoshop CC 的基本操作方法，掌握基本命令，熟悉部分快捷键的使用。效果如图 2-23 所示。

图 2-23　广告招贴效果图

2．制作要求

（1）学习新建及保存文件。

（2）掌握如何对图像元素进行基本的大小变化、复制粘贴等操作。

（3）利用辅助绘图工具进行制图。

3．操作提示

（1）打开素材所提供的文档"背景.jpg"和"丝带.psd"，用选择工具将"丝带"图层直接拖入文档"背景.jpg"中。如图 2-24 所示。

（2）执行"视图→显示→参考线"命令，拖出几条参考线以方便定位。按"Ctrl+T"组合键出现定位框，拖动锚点以调整丝带的大小，并移动到合适的位置上，双击确定。如图 2-25 所示。

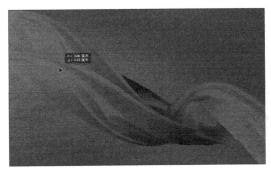 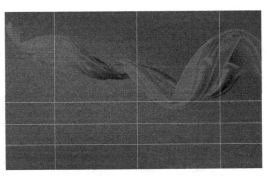

图 2-24　拖入"丝带"图层　　　　　　　　图 2-25　调整"丝带"图层

（3）打开素材所提供的文档"香水.psd"，用选择工具将"香水"图层直接拖入文档"背景.jpg"中。按"Ctrl+T"组合键调整图像大小，并移动到合适的位置。如图 2-26 所示。

（4）选择香水图层，按"Ctrl+J"组合键复制出一个新的图层，图层命名为"香水拷贝"，按"Ctrl+T"组合键，单击右键选择"垂直翻转"，此时复制的香水瓶可以垂直镜像，移动至原香水图层正下方。如图 2-27 所示。

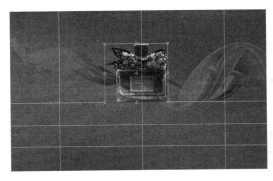 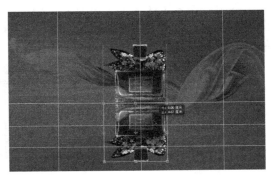

图 2-26　拖入"香水"图层　　　　　　　　图 2-27　复制"香水"图层

（5）在工具栏选择橡皮擦工具，将橡皮擦的不透明度改为 30%，擦拭"香水拷贝"图层的下半部分。如图 2-28 所示。

（6）用选择工具将素材所提供的文档"花朵.psd"素材拖入，按照已有的参考线，调整大小和位置，并将图层不透明度改为 90%，效果如图 2-29 所示。

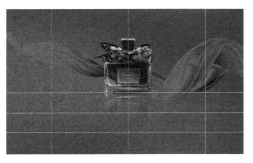

图 2-28　制作"香水"图层倒影

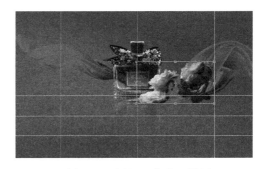

图 2-29　置入"花朵"图层

（7）用套索工具  选中右下角一朵花，形成选区，按"Ctrl+J"组合键复制出一个新图层，命名图层为"玫瑰抠图 1"，图层透明度为 80%。如图 2-30 所示。

（8）同时选中"玫瑰"图层和"玫瑰抠图 1"图层，按"Ctrl+J"组合键复制这两个图层，分别命名为"玫瑰 2"和"玫瑰抠图 2"。同时选中这两个复制的图层，按"Ctrl+T"组合键后，单击右键选择"水平翻转"，按照已有的参考线，调整位置。如图 2-31 所示。

图 2-30　复制花朵

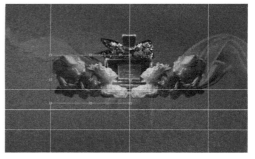

图 2-31　复制花朵图层

（9）添加文字。选择工具栏中的横排文字工具 T，输入"Dior"，按"Ctrl+T"组合键调整文字大小。在文字图层上单击右键，选择"栅格化图层"，此时文字图层变成图像图层。单击图层面板下方的"添加图层样式" fx. 按钮，在弹出的对话框中选择投影效果，并将标志图层的不透明度调到 80%。如图 2-32 所示。

图 2-32　制作标志

（10）再次新建一个文字图层，键入"魅力女人 极致绽放"，颜色为 C10M62Y9K0，调节大小和位置以后，放置于标志下方参考线位置。如图 2-33 所示。

（11）隐藏视图中的参考线。最终如图 2-34 所示。

图 2-33　制作文字

图 2-34　隐藏参考线

2.6　本章小结与重点回顾

本章主要介绍了 Photoshop CC 的操作界面、文档的基本操作、图像的基本操作以及辅助绘图工具的使用。通过本章的学习使读者对 Photoshop CC 软件有了一定的了解，并能够进行一些基本的操作，为今后图像的绘制和编辑打下良好的基础。

 本章重点

- 了解 Photoshop CC 的工作环境
- 掌握 Photoshop CC 文件的基本操作
- 掌握 Photoshop CC 图像的基本操作
- 学会利用标尺、参考线、智能参考线、网格辅助制图

 习题 2

一、选择题

1. 在 Photoshop CC 中，按（　　）组合键能够打开标尺。

　　A.. Ctrl+A　　　　B. Ctrl+Y　　　　C. Ctrl+E　　　　D. Ctrl+R

2. 在 Photoshop 中，工具箱有两种显示方式，分别是（　　）。

　　A. 双排　　　　B. 单排　　　　C. 三排　　　　D. 四排

3.（　　）工具，用于移动无法全屏幕显示的图像。

　　A. 抓手工具　　　B. 放大镜工具　　　C. 旋转视图工具　　　D. 移动工具

4．在 Photoshop CC 中有几种屏幕模式。（　　）

    A．1 种   B．2 种   C．3 种   D．4 种

二、填空题

1．Photoshop CC 提供了多种用于测量和定位的辅助工具，如＿＿＿＿＿、＿＿＿＿＿、＿＿＿＿＿、＿＿＿＿＿。

2．在 Photoshop CC 中，可以使用＿＿＿＿＿修复透视失真的图像。

3．智能参考线可以根据需要自动选择＿＿＿＿＿或者＿＿＿＿＿参考线的状态。

第3章

Photoshop CC 的选区与图层

内容导读

在 Photoshop CC 中，选区与图层是两个非常重要的概念，它们都可以约束选择的范围。本章将就选区与图层的概念及用途进行全面详细的介绍，同时通过相关知识实例的学习，提升对选区与图层的理解。

3.1　主页设计制作

3.1.1　案例综述

本案例为一个中国建筑网站的主页设计制作。如图 3-1 所示。

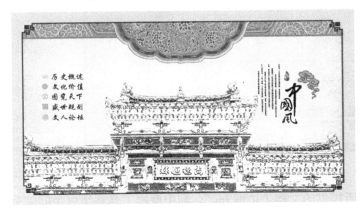

图 3-1　网站主页设计制作

3.1.2 案例分析

在制作过程中，本案例主要应用到了以下工具和制作方法：

（1）不同选取工具的使用。

（2）利用选区选取图像。

（3）图层的建立。

（4）图层编组。

3.1.3 实现步骤

（1）打开素材所提供的文档"花纹.jpg"，选择魔棒工具在工具选项栏中勾选"连续"，选出背景，再执行"选择→反向"命令，将选区反选中花纹部分。如图 3-2 所示。

（2）打开素材所提供的文档"底纹.jpg"，将所选中的花纹部分使用选择工具拖曳到文档"底纹.jpg"中，调整位置大小。如图 3-3 所示。

图 3-2　选取花纹　　　　　　　　　　　图 3-3　放置花纹到底纹中

（3）打开素材所提供的文档"江南建筑.jpg"，利用多边形套索工具将建筑部分选中。如图 3-4 所示。

（4）使用选择工具将所选建筑部分拖曳至文档"底纹.jpg"中，调整位置大小。如图 3-5 所示。

图 3-4　选择建筑部分　　　　　　　　　　图 3-5　放置建筑到底纹中

（5）打开素材所提供的文档"边框.jpg"，利用魔棒工具将边框中间部分选中，再执行"选择→反向"命令，选中外部边框部分。如图 3-6 所示。

（6）使用选择工具将所选边框拖曳至文档"底纹.jpg"中，调整位置大小。如图 3-7 所示。

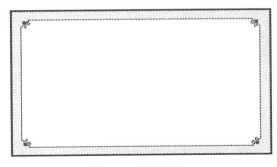

图 3-6 选择边框

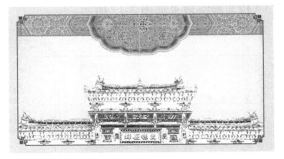

图 3-7 放置边框到底纹中

（7）打开素材所提供的文档"中国风.jpg"，按"Ctrl+A"组合键全选，再按"Ctrl+C"组合键将文件复制，在文档"底纹.jpg"中按"Ctrl+V"组合键复制。如图 3-8 所示。

（8）将"中国风"图层的混合模式改为"正片叠底"。如图 3-9 所示。

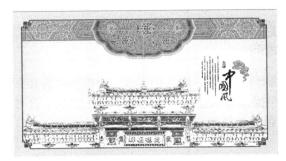

图 3-8 复制图层

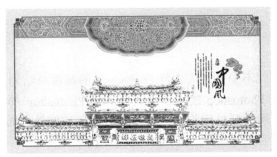

图 3-9 更改图层混合模式

（9）打开素材所提供的文档"图标.psd"，选择合适的图标，使用"矩形选框"工具选中，按住"Ctrl"键，当鼠标指针变成 ⏷ 时，将图标拖曳至文档"底纹.jpg"中，调整其位置和大小。如图 3-10 所示。

（10）选中所有图标图层，在图层的下拉菜单中选择"从图层新建组"，把所有图标图层合并成一个"图标"图层组，以便于查看和管理。如图 3-11 所示。

图 3-10 放置图标到底纹中

图 3-11 建立"图标"图层组

（11）同理，输入文字，并把所有文字图层合并成一个"文字"图层组。如图 3-12 所示。

（12）最终效果如图 3-13 所示。

图 3-12　建立"文字"图层组

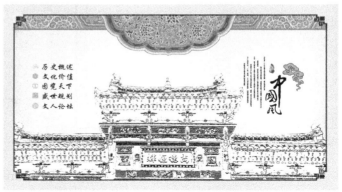

图 3-13　最终效果

3.2　选区

不少专业人士将 Photoshop 的精髓总结为"选择的艺术"，在某种程度上反映出"选择"对于 Photoshop 的重要性，可以说 Photoshop 的任何操作都是建立在一定选区的基础上。它可以将所需要处理的部分选出，进行单独的处理而不影响其他的范围。

3.2.1　创建选区的方法

Photoshop 制作选区的工具和命令非常丰富，主要有以下几类。

1. 选框工具组

"矩形选框工具" 📷可以制作矩形选区，用鼠标直接拖过要选择的区域即可。"矩形选框工具"的工具选项栏。如图 3-14 所示。

图 3-14　矩形选框工具选项栏

① 新选区：将在画面中创建新选区，新创建的选区将替换上一个选区。

② 添加到选区：可在当前创建的选区基础上添加新的选区，重叠的部分进行合并。

③ 从选区减去：从已存在的选区中减去当前绘制的选区。

④ 与选区交叉：得到已存在选区和新创建选区的重合部分。

⑤ 羽化：创建一个具有模糊边界的选区。

⑥ 消除锯齿：使选区的边缘变得更加光滑。

⑦ 样式："正常"样式可以制作任意宽高比例、任意大小的矩形选区；"固定比例"样式

可以通过键入数值设置选区的宽度和高度比例；"固定大小"样式可以在"宽度"和"高度"数值框中设置新选区的高度和宽度值。

⑧ 调整边缘：可以打开"调整边缘"对话框，对边缘进行详细的设置。

"椭圆选框工具"的使用方法和"矩形选框工具"相同。其选项设置如上所示。

"单行选框工具" 或者"单列选框工具" ，可以将选框定义为一个像素宽的行或者列。其选项设置参上所示。

2．套索工具组

不规则的形状选区可以简单地分为两类，第一类是具有曲线边缘的不规则形状选区，第二类是具有直线边缘的不规则形状选区。在 Photoshop 中制作第一类的不规则形状选区可以使用"套索工具" ，制作第二类不规则形状选区，可以使用"多边形套索工具" 。

选择"套索工具" ，在工具栏中设定适当的参数，按住鼠标左键围绕需要选择的图像拖动鼠标指针，当需要闭合时释放鼠标即可。如图 3-15 所示。

选择"多边形套索工具" ，在工具选项栏中设置适当的参数，在图像中单击来设置选区的起点，围绕需要选择的对象，不断地单击鼠标设置点，点之间将自动连接成为选择线。如果操作出现失误，可以按 Delete 键删除最近确定的点。当鼠标指针回到起始点时，鼠标附近会出现一个闭合的圆圈，单击鼠标左键即可。如果将鼠标指针放置在非起始点的其他位置，双击鼠标左键也可以闭合选区。如图 3-16 所示。

图 3-15　利用套索工具选择的图像

图 3-16　利用多边形套索工具选择的图像

"磁性套索工具" 可以根据图像的对比度自动跟踪图像的边缘，并沿图像的边缘生成选区。特别适合图像边缘比较复杂，要选择的区域和背景对比度较高的图片。

"磁性套索工具" 工具选项栏参数如图 3-17 所示。

图 3-17　磁性套索工具选项栏

① 宽度：此数值用于设置"磁性套索工具"探索图像的宽度范围。对于对比度较好的图像，此数值可以大一些，反之则应该设置的尽量小一些。

② 对比度：此数值用于设置"磁性套索工具"对边缘颜色反差的敏感程度，键入的数值越大，"磁性套索工具"对于颜色的对比反差敏感度越低，越不容易捕捉到准确的边缘。

③ 频率：此数值用来设置定义选择边界线时插入锚点的数量，键入的数值越大，插入定位锚点越多，得到的选区也越精确。

使用"磁性套索工具"工具时，先在图像中单击设置起始点的位置，然后释放鼠标左键，并围绕需要选择的图像边缘移动鼠标指针。此时鼠标指针将自动紧贴图像中对比最强烈的边缘，自动插入锚点定位。如果希望手动插入锚点，可以在移动的过程中单击鼠标左键。如图 3-18 所示。

图 3-18　利用磁性套索工具选择图像

3．魔棒工具组

使用 "魔棒工具" 可以依据图像中不同的颜色区域选择选区。如图 3-19 所示。

图 3-19　魔棒工具选项栏

① 容差：在数值框中可以输入 0~255 之间的数值。输入的数值越大，选择的颜色范围就越大。左图所示为"容差"10 的效果，右图所示为"容差"20 的效果。如图 3-20 所示。

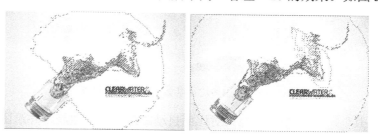

图 3-20　不同容差值得到的效果

② 消除锯齿：选择此选项，可以得到平滑的选区边缘。

③ 连续：选择此选项可以连续的方式对图像进行选择。

④ 对所有的图层取样：选择此选项可以选择所有可见图层的颜色，否则"魔棒工具"仅选择当前图层的颜色。

"快速选择工具"与魔棒工具的使用方法非常相近，它可以使用画笔的模式来制作选区，更加灵活自由。如图 3-21 所示。

图 3-21　快速选择工具选项栏

3.2.2　编辑选区的方法

对于已经创建的选区，通常还需要不断地修改，Photoshop 也提供了许多工具可以直接对选区进行编辑。

1．选区的修改

执行"选择→修改"，可以打开修改选区的命令。如图 3-22 所示。

① 边界：创建一个以原有选区为中心，向内外扩展一定宽度的选区框。如图 3-23 所示。

图 3-22　修改选区命令　　　　　　　　图 3-23　边界命令

② 平滑：可使选区边缘变得比较连续光滑。如图 3-24 所示。

③ 扩展：沿原有选区边界均匀向外扩展。如图 3-25 所示。

图 3-24　平滑命令　　　　　　　　　　图 3-25　扩展命令

④ 收缩：沿原有选区边界均匀向内收缩。如图 3-26 所示。

⑤ 羽化：创建一个具有模糊边界的选区。如图 3-27 所示。

图 3-26　收缩命令　　　　　　　　图 3-27　羽化命令

2．选区的变换

执行"选择→变换选区"命令，可以对选区进行大小、旋转等变换。选区周围会出现变换控制手柄，拖动手柄就可以完成对选区的变换操作。如图 3-28 所示。

图 3-28　选区的变换

3.3　图层

图层是 Photoshop 功能的核心精粹之一。在 Photoshop 中所有的操作都是基于图层进行的，将不同的图像放在不同的图层上进行独立的编辑和操作，图像之间互不影响。下面对图层的分类和特点进行介绍。

3.3.1　图层的类型

在 Photoshop CC 中，常见的图层类型有以下几种。

1．背景图层

背景图层不可以调节图层顺序，一直处于图层的最下方，不可以调节不透明度和添加图层样式、蒙版等等。但是可以使用画笔、图章、渐变等工具进行填充。使用橡皮擦工具擦除背景时，被擦除的区域显示为背景色。如图 3-29 所示。

2．普通图层

普通图层是应用最多的图层，在图层中无像素的区域显示为灰白格子，可以对其进行任意操作。如图 3-30 所示。

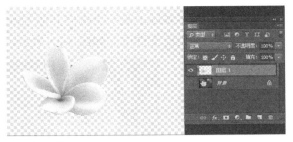

图 3-29　背景图层　　　　　　　　　　　　　图 3-30　普通图层

3．调整图层

调整图层主要用于存放色彩或色调的调整内容，它可以在不破坏原图的情况下，对图像进行色相、对比度、色阶、曲线等操作。如图 3-31 所示。

4．文字图层

通过文字工具创建的图层。文字图层不可以进行滤镜、图层样式等操作。如果需要进行特殊处理，可以先执行"图层→栅格化"命令，将其转换为普通图层。如图 3-32 所示。

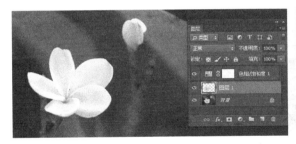

图 3-31　调整图层　　　　　　　　　　　　　图 3-32　文字图层

5．形状图层

通过形状工具或者路径创建的图层，具有可以反复修改和编辑的特性。如图 3-33 所示。

6．蒙版图层

蒙版图层使用黑白灰像素分别控制着图层中相应位置的透明程度。其中，白色代表显示区域，黑色表示隐藏的区域，灰色表示半透明的区域。如图 3-34 所示。

图 3-33　形状图层　　　　　　　　　　　　　图 3-34　蒙版图层

7．智能对象图层

智能对象图层实际上是一个指向其他 Photoshop 图像的指针，当更新源文件时，变化的结果会自动反应到当前文件中。如图 3-35 所示。

图 3-35　智能对象图层

3.3.2　图层面板

图层面板是直观认识和掌握图层的地方，是图层编辑的场所。对于图层的基本操作都是通过图层面板来实现的。图 3-36 所示是一个典型的 Photoshop 图层面板，各项参数释义如下。

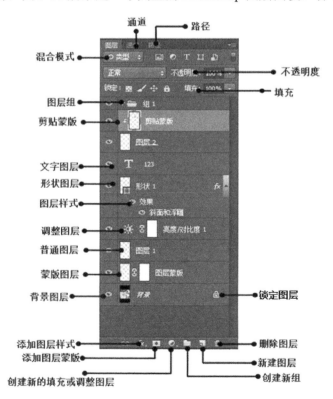

图 3-36　图层面板

（1）混合模式 正常 ：在此下拉菜单中可以选择图层混合模式。

（2）不透明度 不透明度: 100% ▾：可以设置图层的不透明度。

（3）填充 填充: 100% ▾： 设定图层中绘图笔触的不透明度。

（4）锁定图层 🔒：可以锁定图层的位置、可编辑性等属性。

（5）显示或者隐藏图层 👁：用于标记当前图层是否处于显示状态。

（6）链接图层 🔗：在同时调用多个图层的情况下，单击此按钮，可以将选中的图层链接起来，以方便对图层中的图像进行统一的操作。

（7）添加图层样式 fx.：可以给图层添加图层样式。

（8）添加图层蒙版 ▣：可以给当前选择的图层添加蒙版。

（9）创建新的填充或者调整图层 ◐：可以给选中的图层添加调整图层。

（10）创建新组 📁：可以新建一个新的图层组。

（11）新建图层 🔲：可以新建一个图层。

（12）删除图层 🗑：可以删除一个图层。

3.3.3　图层的基本操作

1．新建图层

创建新图层的方法有两种，第一种是单击图层面板底部的"新建图层" 🔲 按钮，第二种是执行"图层→新建图层"。如图 3-37 所示。

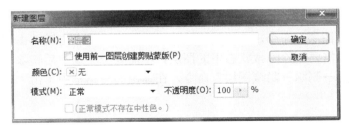

图 3-37　新建图层

这种方法可以直接在参数上控制新建的图层，一次性设置好诸如颜色、混合模式、不透明度等参数。

2．修改背景图层

在默认情况下新建的 Photoshop 图像文件都具有一个背景图层。背景图层都具有不可移动、无法设置混合模式和不透明度的特性。

执行"图层→新建图层→背景图层"命令，可以将背景图层转换成普通图层，使其具有与普通图层相同的属性。同理，也可以将任何一个普通图层转换成为背景图层。只需要执行"图层→新建图层→图层背景"命令即可。

3．选择图层

选择一个图层可以直接单击图层面板中的图层。也可以使用"移动工具" ▶₊，直接在图像中按住"Ctrl"键单击需要选择图层中的图像，即可以选择这一图层，如果已经在此工具选项栏中勾选了"自动选择→图层"选项，则不必按住"Ctrl"键。

如果要选择多个连续的图层，在选择了一个图层以后，按住"Shift"键在图层面板中单击另一个图层，则这两个图层之间连续的图层都会被选中。

如果要选择不连续的多个图层，在选择了一个图层后，按住"Ctrl"键在图层面板中单击想要选择的其他图层即可。

4．显示和隐藏图层

单击图层面板中的"指示图层可见性" ◉ 按钮，可以实现图层的显示或隐藏。如果需要只显示某一个图层而隐藏其他多个图层，可以按住"Alt"键单击此图层的 ◉ 图标，再次单击可以恢复显示所有图层。

5．复制图层

在图层面板中选择需要复制的图层，将图层拖到图层面板底部的"创建新图层" 🗋 按钮，就可以复制一个新的图层；或者执行"图层→复制图层"命令；或者在图层面板弹出的菜单中选择"复制图层"命令，然后在弹出的"复制图层"对话框设置参数。如果同时选择多个图层，按这个方法可以一次性复制多个图层。

如果需要在两个图像文件间复制图层，可以在原图文件的图层面板中选择要复制的图层，拖动图层到目标图像文件的标题部分，然后拖曳至图像中即可。或者执行"选择→全选"命令选中图层内容，按"Ctrl+C"组合键复制，再选择目标图像文件，按"Ctrl+V"组合键粘贴。

6．删除图层

选择一个或者多个图层，单击图层面板底部的"删除图层" 🗑 按钮，可以删除选择的图层；执行"图层→删除→图层"命令，也可以删除选定的图层；或者右键单击图层面板，选择"删除图层"命令。如果需要删除隐藏状态下的图层，不需要一一选中后删除，只需要选择任意一个图层，执行"图层→删除→隐藏图层"命令，在弹出的对话框中单击"确定"按钮，就可以删除隐藏的图层。

3.3.4　图层的混合模式

混合模式并不是图层所独有的。在使用"画笔工具"、"仿制图章工具"、"渐变工具"等工具时都能在这些工具的选项栏中看到混合模式的菜单。另外在"填充"、"描边"、"应用图像"等命令的对话框中，也会看到这个选项。在众多的混合模式中，图层混合模式的使用频率很高，并广泛应用于图像合成中。

Photoshop CC 的各种混合模式内容介绍如下。

混合模式名称	内 容 介 绍	图　示
正常	上方图层的图像完全遮盖下方图层中的图像	

续表

混合模式名称	内 容 介 绍	图　示
溶解	如果上方图层具有柔和的半透明边缘，则可以结合下层图像，可以创建像素点状效果。图层越透明，颗粒化效果越突出	
变暗	将上方图层中较暗的像素替代下方图层中与之相对应的较亮像素，并且下方图层的较暗像素也会同时替代上方图层与之对应的较亮像素，叠加后整体图像呈现较暗色调	
正片叠底	最终显示两个图层中较暗的颜色，而且，任何颜色与黑色重叠将产生黑色，任何颜色与白色重叠时该颜色保持不变	
颜色加深	通过加强图像对比度来加深图像色彩，通常用于创建非常暗的投影效果	
线性加深	此模式下可以查看每一个颜色通道的颜色信息，加深所有通道的基础色，并通过提高其他颜色的亮度来反应混合颜色，此模式对于白色无效	
深色	依据图像饱和度，使当前图层中的颜色直接覆盖下方图层中暗调区域的颜色	
变亮	上方图层中较亮像素替代下方图层中与之对应的较暗像素，且下方图层中的较亮像素替代上方图层中与之对应的较暗像素，叠加后整体图像呈现亮色调	
滤色	上方图层像素的互补色与底色相乘，通常能够得到一种漂白图像的效果	

混合模式名称	内容介绍	图　示
颜色减淡	上方图层的像素值与下方图层的像素值通过一定的算法相加，通过增加其对比度来使颜色变亮，可以创建出类似于光源中心点的效果	
线性减淡（添加）	可以查看每个颜色通道的颜色信息，加亮所有通道的基础色，并通过降低其他颜色的亮度来反映混合的颜色，此模式对于黑色无效	
浅色	依据图像饱和度，用当前图层中的颜色直接覆盖下方图层中高光区域颜色	
叠加	对各图层的颜色进行叠加，保留底色中高光和阴影的部分，但是底色不会被取代，而是和上方图层混合来体现原图的亮部和暗部。图像的最终效果取决于下方图层，但是上方图层的明暗对比关系将会直接影响到整体效果	
柔光	可以使颜色变亮或者变暗，具体取决于混合色。如果上方图层的像素比 50%的灰度亮，则整体变亮，反之整体变暗	
强光	上方图层亮于 50%灰度的区域将变得更亮，暗于 50%灰度的区域将更暗。用此模式得到的图像对比度比较大，适合于为图像增加强光照射效果	
亮光	如果混合色比 50%灰度亮，则通过降低对比度来使图像减淡，反之，通过提高对比度使图像加深	

续表

混合模式名称	内 容 介 绍	图　　示
线性光	如果混合色比 50% 灰度亮，则通过提高对比度使图像变亮，反之，通过降低对比度使图像变暗	
点光	通过置换颜色像素来混合图像，如果混合色比 50% 灰度亮，比原图暗的像素就会被置换，而比原图亮的像素没有变化；反之，比原图亮的像素会被置换，而比原图暗的像素没有变化	
实色混合	可以创建一种具有较硬边缘的图像效果	
差值	可以从上方图层中减去下方图层中相对应处像素的颜色值，使图像变暗并获得反相效果	
排除	可以创建一种与"差值"模式相似，但对比度相对较低的效果	
减去	将当前图层与下方图层的图像色彩进行相减呈现的结果	
划分	将上一层的图像色彩以下一层颜色为基准进行划分所产生的效果	

续表

混合模式名称	内 容 介 绍	图　　示
色相	最终图像的像素值由下方图层的亮度值与饱和度及上方图层的色相值构成	
饱和度	最终图像像素值由下方图层的亮度值和色相值及上方图层的饱和度构成	
颜色	最终图像像素值由下方图层的亮度值及上方图层的色相值和饱和度构成	
明度	最终图像像素值由下方图层的色相值和饱和度值及上方图层的亮度值构成	

3.3.5　图层的样式应用

图层样式包含有多种特殊视觉效果，包括投影、外发光、内发光、斜面和浮雕、描边等。图层样式的所有操作仅仅从属于某一个图层，只有当前图层存在图像时才可以看到图层样式的效果。单击图层面板底部"添加图层样式" fx. 按钮，在"图形样式"对话框中，单击左侧样式列表中的选项，就可以进入相应的参数设置面板，若同时选中多个复选框，则可以为图层添加多种样式效果。

1．投影

在图层中添加投影效果，可以使图像产生立体感。如图 3-38 所示。

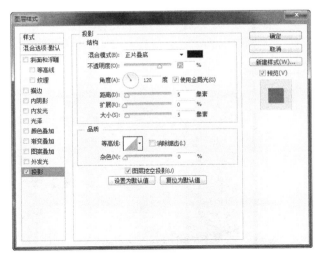

图 3-38　投影样式

面板参数释义如下：

（1）混合模式：可以选择不同的混合模式，从而得到不同的投影效果。单击右边的色块，可以设置投影的颜色。

（2）不透明度：可以定义投影的不透明度。

（3）角度：拨动角度轮盘的指针或者键入数值，可以改变投影的投射方向。若勾选"使用全局光"复选框，则表示同一图像中的所有样式都应用相同的光照角度。

（4）距离：可以定义投影效果与当前图层的相对距离。

（5）扩展：可以定义投影的模糊程度。

（6）大小：可以定义投影的发散范围。

（7）等高线：可以定义图层样式的轮廓效果。

（8）消除锯齿：使应用的等高线后的投影更加细腻。

（9）杂色：拖动滑块或输入数值，可以在阴影中添加一些杂色。

2．内阴影

可以为图层添加位于图层不透明像素边缘内的投影，使图像呈现出凹陷的立体效果。其设置的参数和"投影"图层样式基本相同，不再赘述。效果如图 3-39 所示。

图 3-39　内阴影样式

3．外发光

可以为图层添加发光效果，使图像的边缘产生光晕。如图 3-40 所示。

面板参数释义如下：

（1）　此对话框可以设置发光的不同方式，一种为纯色光，一种是渐变色光，系统默认为纯色光。

（2）方法：可以设置发光的方法。选择"柔和"选项，所发出的光线边缘较为柔和；选择"精确"，光线会按照实际大小和扩展度表现。

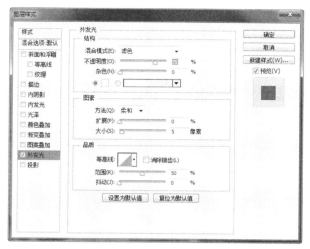

图 3-40　外发光样式

（3）扩展：用于设置发光的模糊晕染效果，值越大，效果越模糊。

（4）大小：用于设置发光效果范围的大小，值越大，发光效果的范围越大，效果越明显。

（5）范围：控制发光中作为等高线目标的部分或者范围，值越大，等高线处理的区域越大。

（6）抖动：用于设置发光效果的随机值，即渐变颜色和不透明度的随机化。

（7）阻塞：用于设置模糊之前收缩发光的边界。

（8）源：用于设置发光的位置。若选择"居中"按钮，则从图像中心开始发光；若选中"边缘"按钮，则从图像的边缘开始发光。

4．内发光

"内发光"图层样式和"外发光"图层样式设置的参数基本相同，此处不再赘述。如图 3-41 所示。

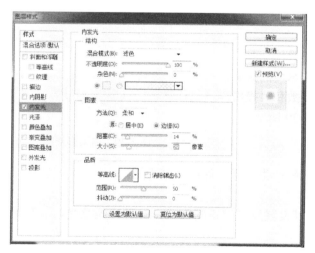

图 3-41　内发光样式

5．斜面和浮雕

可以创建具有斜面或者浮雕效果的图像。如图 3-42 所示。

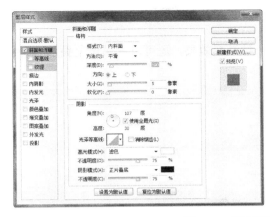

图 3-42　斜面和浮雕样式

面板参数释义如下。

（1）样式：包括"外斜面"、"内斜面"、"浮雕效果"、"枕状浮雕"、"描边浮雕"效果。

（2）方法：可以得到"平滑"、"雕刻清晰"、"雕刻柔和"3 种不同的倒角效果。

（3）深度：控制斜面和浮雕效果的深度，值越大，效果越明显。

（4）方向：控制斜面和浮雕效果的视觉方向。

（5）大小：控制斜面和浮雕效果的范围大小。

（6）软化：控制斜面和浮雕效果的亮部区域和暗部区域的柔和程度。

（7）角度：控制斜面和浮雕效果的角度，即亮部和暗部的方向。若勾选"使用全局光"复选框，则表示同一图像中的所有图层都应用相同的光照角度。

（8）高度：用于设置亮部和暗部的高度。

（9）光泽等高线：用于为图像添加类似于金属光泽的效果。

（10）高光模式、阴影模式：可以设置斜面和浮雕效果的亮部与暗部区域的混合模式。其右部的颜色框，可以设置高光或阴影的颜色。

6．光泽

可以在图像内部根据图像的形状应用投影，通常用于创建光滑的磨光和金属效果。如图 3-43 所示。

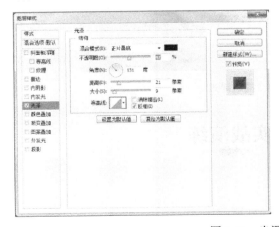

图 3-43　光泽样式

7．颜色叠加、渐变叠加、图案叠加

可以为图像叠加某种单一的颜色，或是一种渐变效果，还可以在图像上叠加一种图案。如图 3-44 所示。

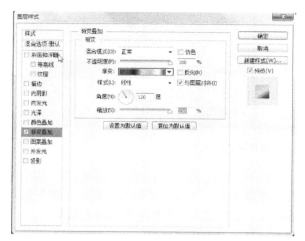

图 3-44　渐变叠加样式

8．描边

可以使用"颜色"、"渐变"、"图案" 3 种方式为当前图层中的图像勾画轮廓。如图 3-45 所示。

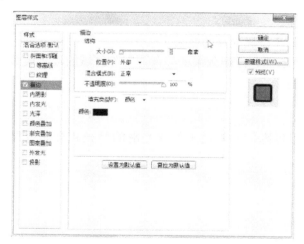

图 3-45　描边样式

3.4　实战演练

1．实战效果

制作一幅中华美食网站主页，效果如图 3-46 所示。

图 3-46　中华美食网站主页效果图

2．制作要求

（1）熟练掌握图层的应用。

（2）能够使用图层样式为图层添加效果。

（3）能够理解并应用图层的混合模式。

3．操作提示

（1）打开素材所提供的文档"红背景.jpg"，利用矩形选框与椭圆选框相加减，制作锅体部分选区，建立新图层填充白色；再利用多边形套索工具，制作锅体上部烟雾的选区，建立新图层填充白色。如图 3-47 所示。

图 3-47　制作锅体部分

（2）打开素材所提供的文档"美食 1.jpg"、"美食 2.jpg"、"美食 3.jpg"、"美食 4.jpg"，分别按"Ctrl+A"组合键全选图像，用选择工具拖曳至文档"背景.jpg"中。调整大小与位置排列在锅体的上方。如图 3-48 所示。

（3）按"Shift"键选中这四张美食图，单击右键执行"创建剪贴蒙版"，将锅体的外形赋予这四张图片，形成剪贴组。如图 3-49 所示。

图 3-48　置入图像文件　　　　　　图 3-49　创建剪贴蒙版

（4）使用圆角矩形工具绘制一个圆角半径像素为 30 的圆角矩形；使用多边形工具，将边调整为 3，绘制三角形，再复制两个三角形图层并调整大小及位置。如图 3-50 所示。

图 3-50　制作欢迎框

（5）选择圆角矩形框，为其添加图层样式"斜面和浮雕"，选择"枕状浮雕"。如图 3-51 所示。

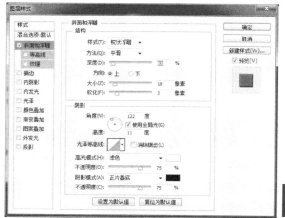

图 3-51　添加图层样式效果

（6）添加文字"欢迎光临"，字体为楷体，颜色为#b31e23。如图 3-52 所示。

（7）打开素材所提供的文档"笔迹.jpg"，选择魔棒工具，容差设置为 20，不勾选"连续"选项，选取图中白色部分。然后执行"选择→反向"命令，选中黑色笔迹部分，用选择工具将其拖曳至文档"背景.jpg"中。再将此图层的混合模式改为"叠加"。如图 3-53 所示。

图 3-52　添加文字　　　　　　　　　图 3-53　置入"笔迹"图层

（8）打开素材所提供的文档"福.jpg"，复制背景层，在新图层上选择魔棒工具，容差设置为 20，不勾选"连续"选项，选中白色笔迹部分。由于白色边缘还选取的不完全，再执行"选择→修改→扩展"命令，设置扩展量为 10 像素，选中白色笔迹部分，并将其删除。如图 3-54 所示。

（9）使用矩形选框工具，将羽化值设置为 10 像素，在福字外部制作一个选框，按"Ctrl"键的同时将其拖曳至文档"背景.jpg"中；按"Ctrl+T"组合键旋转并调整大小及位置；再把图层的透明度改为 70%。如图 3-55 所示。

图 3-54　删除字体内部区域　　　　　图 3-55　置入"福字"图层

（10）输入文字，放置在合适的位置。如图 3-56 所示。

（11）打开光盘所提供的文档"四方连续.jpg"，使用矩形选框工具，将羽化值设置为 0 像素，选择条形图案部分，按"Ctrl"键的同时将其拖曳至文档"背景.jpg"中，调整图层顺序，放置在合适的位置。如图 3-57 所示。

图 3-56　输入文字　　　　　　　　图 3-57　置入条形图案

（12）选中锅体上部的"烟雾"图层，为其添加图层样式"外发光"。如图 3-58 所示。

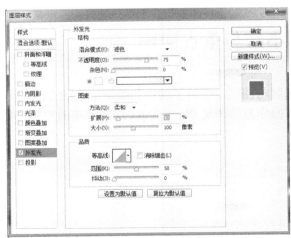

图 3-58　为"烟雾"图层添加图层样式

（13）选中"福字"图层，为其添加图层样式"投影"。如图 3-59 所示。

（14）最终效果如图 3-60 所示。

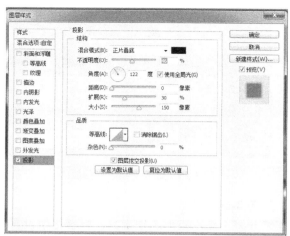

图 3-59　为"福字"图层添加图层样式

图 3-60　最终效果

3.5　本章小结与重点回顾

　　本章主要介绍了 Photoshop CC 中的选区与图层，学习了制作和编辑选区的方法，图层的种类以及图层的基本编辑方法。这些概念和操作方法都是 Photoshop CC 最基本的内容，是制作出优秀作品的必要前提。

 本章重点

- ■　了解选择工具的种类和使用方法。
- ■　能够熟练应用各种选择工具对图像进行选取。
- ■　掌握选区修改的方法。
- ■　了解图层的种类及概念。
- ■　学会灵活使用图层混合模式和图层样式。

 习题 3

一、选择题

1．可以对选区进行任意变换操作的命令是（　　　）。

　　A．变换　　　　　　　B．自由变换　　　　　C．变换选区　　　　　D．调整选区

2．下列哪些属于选区工具（　　　）。

　　A．魔棒工具　　　　　B．矩形选框工具　　　C．矩形工具　　　　　D．套索工具

3．下列哪些工具可以移动选区（　　　）。

　　A．矩形方框工具　　　B．魔棒工具　　　　　C．移动工具　　　　　D．直接选择工具

4．能使图像变暗的图层混合模式有哪些（　　　）。

　　A．正片叠底　　　　　B．滤色　　　　　　　C．颜色加深　　　　　D．颜色减淡

5．关于背景层描述正确的是（　　　）。

　　A．图像可以拥有多个背景层　　　　　　　B．背景层不能设置图层混合模式

　　C．背景层被部分锁定　　　　　　　　　　D．背景层不能被删除

6．（　　　）可以根据图像的对比度自动跟踪图像的边缘，并沿图像的边缘生成选区。

　　A．套索工具　　　　　　　　　　　　　　B．多边形套索工具

　　C．磁性套索工具　　　　　　　　　　　　D．快速选择工具

7．全选图像的快捷键是（　　　）

　　A．Ctrl+A　　　　　B．Alt+A　　　　　C．Ctrl+D　　　　　D．Alt+D

二、填空题

1．图像选区的修改包括_____、_____、_____、_____、_____。

2．文字图层不可以进行滤镜、图层样式等操作。如果需要进行特殊处理，可以先执行__
_____命令，将其转换为普通图层。

3．_____不可以调节图层顺序，不可以调节不透明度和添加图层样式、蒙版等。

第 4 章

Photoshop CC 的路径与文字

内容导读

在 Photoshop CC 中，路径是重要的工具之一，它可以制作出匀称流畅的曲线，所以经常用于创建比较复杂的图形和转换选区。由于它是建立在矢量基础上的，可以通过调节锚点进行编辑，方便进行反复的修改。文字的排版和编辑在矢量软件中能够发挥最大的功效，如今在 Photoshop CC 中，也大大加强了这部分的功能，各种样式的文字创建更加美观。在本章将就路径与文字的创建和操作方法进行全面详细的介绍，同时通过相关知识实例的学习，加强对它们的理解。

4.1 封面设计制作

4.1.1 案例综述

本案例为设计制作一个时尚杂志封面。如图 4-1 所示。

图 4-1 时尚杂志封面设计制作

4.1.2　案例分析

在制作过程中，本案例主要应用到了以下工具和制作方法：

（1）形状的建立。

（2）文字的建立。

（3）文字的调整。

4.1.3　实现步骤

（1）新建一个横向 42×29.7 厘米，dpi300，CMYK 模式的文档，填充颜色 C0M100Y0K0，保存名称为"时尚封面"。

（2）打开素材所提供的文档"封面人物.jpg"，按"Ctrl+A"组合键全选人物，使用移动工具将其拖曳到"时尚封面"文档中。按"Ctrl+T"组合键调整大小，放置于文档的右边一半位置上。如图 4-2 所示。

（3）在文档两侧用矩形工具绘制两个长方形，分别填充白色和 C0M0Y100K0。如图 4-3 所示。

图 4-2　复制人物　　　　　　　　　　　图 4-3　绘制矩形

（4）打开素材所提供的文档"彩条.jpg"，按"Ctrl+A"组合键全选，使用移动工具将其拖曳到"时尚封面"文档中。按"Ctrl+T"组合键调整大小，再执行"变换→90 度（顺时针）"命令，将其放置于文档左边的白条上方。如图 4-4 所示。

（5）使用"横排文字工具"和"直排文字工具"在文档上输入不同字体、不同大小的文字，颜色为 C0M0Y100K0、C0M0Y100K0、C100M80Y0K0 和白色，排列在适当位置。如图 4-5 所示。

图 4-4　复制彩条　　　　　　　　　　　图 4-5　输入文字

（6）最终效果如图 4-6 所示。

图 4-6 文字合成

4.2 路径的基本操作

在 Photoshop 中路径具有矢量的特征，所以用路径选择的范围有着非常平滑的边缘，因此经常使用路径获得选区，来进行辅助抠图。但是，路径的功能并不仅限于此，使用路径还可以进行填充、描边等操作。一条典型的路径由锚点、控制手柄和路径线构成。如图 4-7 所示。

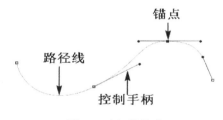

图 4-7 路径的构成

4.2.1 创建路径

路径的最大优点就是创建简单、调整方便，当创建了路径以后，可以根据设计的需求对路径进行随意的调整，直到满意为止。在 Photoshop CC 中创建路径经常使用的工具有钢笔工具组和形状工具组。

1. 钢笔工具组

（1）"钢笔工具" 是 Photoshop 中绘制路径最为精确的工具。使用"钢笔工具"可以精确地绘制出直线或光滑的曲线，还可以创建形状图层。在页面中选择一点单击，移动到下一点再单击，就会创建一条直线路径，在下一点按下鼠标并拖动控制手柄会创建曲线路径。当起始点的锚点与终点的锚点相交时鼠标指针会变成图标，此时单击鼠标 Photoshop 会将该路径创建成封闭路径。如图 4-8 所示。

图 4-8   创建路径

选择"钢笔工具"后，选项栏中会显示针对该工具的一些属性设置，如图 4-9 所示。

图 4-9   钢笔工具选项

① 创建方式：可以选择是以"路径"、"形状图层"还是"像素"的方式来创建路径。如果选择"路径"，则只生成一个路径，可以在"路径面板"中查看编辑；如果选择"形状图层"，则是新建一个形状图层，可以在"图层面板"中查看编辑；如果选择"像素"，则生成一个新的以路径为边缘的像素图层，绘制时产生的路径消失。

② 建立：选择此选项，可以使路径转换为"选区"、"矢量蒙版"或"形状图层"。

③ 路径操作：路径的运算方式。"合并形状" □使两条路径发生加运算，其结果是可向现有路径中添加新路径所定义的区域；"减去顶层形状" □使两条路径发生减运算，其结果是可从现有路径中删除新路径与原路径的重叠区域；"与形状区域相交" □使两条路径发生交集运算，其结果是生成的新区域为新路径和现有路径的交叉区域；"排除重叠形状" □使两条路径发生排除运算，其结果是生成的新区域为新路径和现有路径的非重叠区域；"合并形状组件" □合并形状组件 要使具有运算模式的路径发生真正的运算，执行此命令后，才可以使其按照运算模式定义新的路径。

④ 路径对齐方式：路径的对齐方式。

⑤ 路径排列方式：路径所在图层的叠加顺序。

⑥ 橡皮带：路径会跟随钢笔工具的移动而自动弯曲，有利于准确把握钢笔的走向。

⑦ 自动添加删除：选择此选项，可以在路径上有锚点的位置自动定义为删除锚点，在路径上没有锚点的位置自动定义为添加锚点。

（2）"自由钢笔工具" 类似于画笔工具或铅笔工具，通过自由拖动鼠标产生的轨迹来建立路径，而不需要通过锚点和控制手柄来调整。其中，"曲线拟合"的各项释义如下：

① 曲线拟合：用来控制光标产生路径的灵敏度，输入的数值越大自动生成的锚点越少，路径越简单。输入的数值范围是 0.5～10。

② 磁性的：勾选此复选框后"自由钢笔工具"会变成"磁性钢笔工具"，光标也会随之变为 ，可以自动寻找图像边缘。

③ 宽度：可以设置"磁性钢笔工具"与所绘边缘之间的距离，用来区分路径。输入的数值范围是 1～256。

④ 对比：可以设置"磁性钢笔工具"的灵敏度。数值越大，要求的边缘与周围的反差越大。输入的数值范围是 1%～100%。

⑤ 频率：可以设置"磁性钢笔工具"绘制路径时锚点的密度。数值越大，得到的路径锚

点越多。

（3）"添加锚点工具" 可以在已创建的直线或曲线路径上添加新的锚点。添加锚点的方法非常简单，只要使用"添加锚点工具"将光标移到路径上，此时光标会变成 ，单击鼠标便会自动添加一个锚点。

（4）"删除锚点工具" 可以将路径中已经存在的锚点删除。使用"删除锚点工具"将光标移到路径中的锚点上，此时光标会变成 ，单击鼠标便会自动删除该锚点。

（5）"转换点工具" 可以使锚点在平滑点和角点之间进行变换。

2．形状工具组

在 Photoshop 中可以通过相应的工具直接在页面中绘制矩形、椭圆形、多边形等几何图形。这些绘制几何图形的工具被集中在"形状工具组"中，单击"矩形工具"即可弹出形状工具组。如图 4-10 所示。

图 4-10　形状工具组

在形状工具选项栏中，引入了矢量图形的制作方式，可以直接为图形内部和边缘线选择填充纯色、渐变色、图案或无色，还可以选择描边的大小及样式，而且可以反复修改。如图 4-11 所示。

图 4-11　形状工具选项

（1）"矩形工具" 、"圆角矩形工具" 和"椭圆工具" ，这三个选项面板基本相同，使用方法也很简单，按住鼠标左键在图像中进行拖动，就可以绘制出所定义的图形。按住 Shift 键可以直接绘制出正方形、正圆形，按住"Alt"键可以从中心向外发散绘制形状，按住 Shift+Alt 组合键可以绘制从中心向外发散的正方形或者正圆形。其参数及选项如图 4-12 所示。

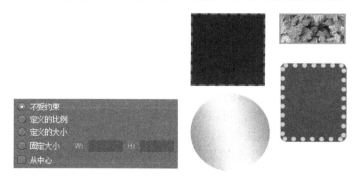

图 4-12　矩形工具选项

① 不受约束：可以绘制任意大小的形状。

② 约束：按下此按钮，可以绘制大小不同的正方形或大小不同的正圆形。

③ 固定大小：可以在"W"和"H"中键入数值，定义形状的宽度和高度。

④ 比例：可以在"W"和"H"中键入数值，定义形状的宽度和高度比例。

⑤ 从中心：可以绘制从中心向外发散的形状。

（2）使用"多边形工具" ，可以绘制不同边数的多边形或者星形。其参数及选项如图 4-13 所示。

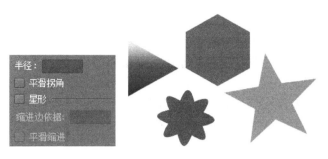

图 4-13　多边形工具选项

① 半径：键入数值，可以定义多边形的半径。

② 平滑拐角：可以平滑多边形的外拐角。

③ 星形：可以绘制星形并激活"缩进边依据"和"平滑缩进"，来控制星形的形状。

④ 缩进边依据：键入百分数，可以定义星形的缩进量。数值越大，星形内缩越明显。

⑤ 平滑缩进：可以平滑多边形的内拐角。

（3）使用"直线" 工具可以绘制不同粗细的直线，还可以为直线添加不同形状的箭头。其参数及选项如图 4-14 所示。

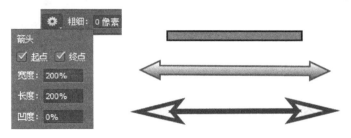

图 4-14　直线工具选项

① 起点、终点：确定是否需要在线条的两端设置箭头。

② 宽度：设置箭头宽度和线条宽度的百分比。

③ 长度：设置箭头长度和线条宽度的百分比。

④ 凹陷：设置箭头凹陷度和线条长度的百分比。

⑤ 粗细：设置线条的粗细。

（4）"自定义形状" 工具不是特指某一种形状，而是一个多种形状的集合。其参数及选项，如图 4-15 所示。

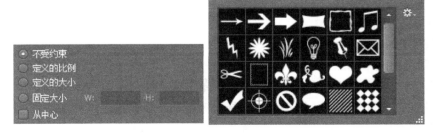

图 4-15　自定义形状工具选项

① 不受约束：可以绘制任意大小的形状。

② 定义的比例：可以按照形状默认的原始比例绘制形状。

③ 定义的大小：可以按照形状默认的原始大小绘制形状。

④ 固定大小：可以在"W"和"H"中键入数值，定义形状的宽度和高度。

⑤ 从中心：可以绘制从中心向外发散的形状。

除了软件自身所带的形状外，还可以自定义形状，步骤如下。

① 选择"钢笔工具"✐创建所需要外形的轮廓路径。

② 选择"路径选择工具"▸将制作好的路径选中。

③ 执行"编辑→定义自定形状"命令，在弹出的对话框中输入新形状的名称，然后单击"确定"按钮。

④ 选择"自定义形状工具"✿，显示"自定义形状拾取器"面板，即可在其中选择自定义形状。如图 4-16 所示。

图 4-16　自定义形状

4.2.2　编辑路径

当创建了路径之后，路径面板上会自动添加一个路径层。使用路径面板可以进行创建、存储和删除路径等操作。执行"窗口→路径"命令，打开路径面板。路径面板中显示了路径的名称和缩略图。点击相应的路径层，在图像上就会显示所选路径。PSD、JPG、DCS、EPS、PDF和 TIFF 格式的图像都支持路径的存储。如图 4-17 所示。

路径面板各按钮释义如下：

▩：用前景色填充路径。

◯：用前景色描绘路径。

▦：将路径转换为选区。

✧：将选区转换成路径。

▣：为路径添加蒙版。

▤：新建一个路径。

▥：删除当前选中的路径。

图 4-17　路径面板

要调整路径的形状，必须首先在路径面板中单击路径图层，在图像窗口中显示该路径，然后选择相对应的部分进行修改，用户可以选择修改全部路径、路径组件或路径上的锚点。

用来编辑路径的工具主要包括"添加锚点工具"✐、"删除锚点工具"✐、"转换点工具"▸、"路径选择工具"▸和"直接选择工具"▸。

使用 "路径选择工具" ，可以选择一条路径也可以同时框选多条路径进行操作。

使用 "直接选择工具" ，可以直接调整路径，也可以在锚点上拖动，改变路径形状。

4.2.3　形状图层

形状图层是 Photoshop 中的一种图层，可以将其看作是一个带有矢量蒙版的纯色填充图层，当使用形状工具和钢笔工具时可以创建形状图层，形状图层中自动填充前景色和描边色，并且允许用户修改为其他的颜色、渐变色或者图案。这使得 Photoshop CC 在进行绘画的时候，可以以某种矢量形式保存这些图层。形状图层的优点在于可以随意的放大缩小，而边缘依旧光滑，不失真。

形状图层也是一种填充图层，在图层面板中双击形状图层的缩览图，可以打开 "拾色器"、"渐变填充" 或 "图案填充" 对话框更改形状的填充内容。如图 4-18 所示。

图 4-18　形状图层

4.3　文字的应用

Photoshop CC 虽然是图像处理软件，但是也具备强大的文字处理功能，不但能够进行简单的排版工作，还可以利用 Photoshop CC 提供的文字变形等工具，制作出具有强烈视觉冲击的文字效果。

4.3.1　创建文字

1．文字工具组

要在 Photoshop 中创建文本，必须使用工具箱中的文字工具 。如图 4-19 所示。

图 4-19　文字工具

使用 "横排文字工具" T 时，表示输入水平方向的文字；当使用 "直排文字工具" T 时，表示输入垂直方向的文字；当创建这两种形式的文字时，在图层面板中会自动出现相应的文字图层。如图 4-20 所示。

使用 "横排文字蒙版工具" ，在图像中单击同样会出现输入符，但整个图像会被蒙上一层半透明的红色，相当于快速蒙版，可以直接输入文字，并对文字进行编辑和修改。单击其他工具后，此时，蒙版状态的文字会转换为虚线的文字边框，相当于创建文字选区，并不会创建文字图层。使用"直排文字蒙版工具" ，表示创建垂直的文字选区。如图 4-21 所示。

图 4-20　文字图层

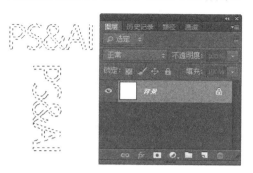

图 4-21　文字选区

2．文字工具选项

在工具箱中选择"横排文字工具" ，此时的文字选项栏会显示针对该工具的一些属性设置。如图 4-22 所示。

图 4-22　文字工具选项

① 切换文本取向：在输入文字以后，按此按钮可以改变输入文字的排列方向。
② 设置字体：可以在下拉列表中选择合适的字体。
③ 设置字体样式：可以将字体设置为普通、斜体、黑体、黑斜体四种样式。
④ 设置字体大小：可以在下拉列表中选择合适的字号。
⑤ 设置消除锯齿的方法：可以在下拉列表中选择一种方式对文字消除锯齿。
⑥ 设置文本对齐：三个按钮可以分别设置文本的不同对齐方式。
⑦ 设置文本颜色：可以在弹出的"拾色器"对话框中设置字体的颜色
⑧ 创建文字变形：可以给文字添加不同的变形样式。
⑨ 切换字符和段落面板：打开或关闭"文字"、"段落"面板。

3．文字创建方式

输入文字前，先确定好文字的位置，再选中文字工具在图像中单击左键，插入一个文字光标，在光标后直接输入文字。但是不同的是，使用单击的方法创建的文字叫做"点文字"，使用鼠标单击并拖动的方法创建的文字叫做"段落文字"。

（1）点文字：一般用来输入少量的文字。它不会自动换行，文字行的长度随文字的增加而变长，在需要换行时必须按下 Enter 键。如图 4-23 所示。

（2）段落文字：常用来输入大篇幅的文字。它以段落文字边框来确定文字的位置与换行情况，边框里的文字在到达文本框的边界时会自动换行。如图 4-24 所示。

图 4-23　点文字

图 4-24　段落文字

4.3.2　编辑文字

如果需要改变已写好的文字的字体、字号等，可选取文字工具，在插入输入符状态下拖动鼠标，将文字选中，然后在属性栏中修改。如图 4-25 所示。

也可以在文字图层上双击文字缩略图，选中文字后对文字进行重新编辑。如图 4-26 所示。

图 4-25　拖动鼠标修改文字

图 4-26　双击文字图层修改文字

选中文字工具后，按住"Alt"键的同时单击鼠标，会弹出"段落文字大小"对话框，输入宽度和高度，单击"确定"按钮就会得到一个指定大小的文字框。如图 4-27 所示。

生成的段落文字框有 8 个控制文字框大小的控制点，可以缩放文字框，但不影响文字框内的各项设定，文字大小也不会发生改变。按住"Ctrl"键的同时拖拉文字框四角的控制点，不仅可以放大缩小文字框，文字也同时被放大缩小。拖拉文字框的同时按住"Shift"键，可以成比例缩放文字框，文字大小不会发生变化。

图 4-27　设置段落文字框大小

按住"Ctrl"键，将鼠标放在文字框中间的控制点上拖动，可以使文字发生倾斜变形，同时按着"Shift"键，可限定只在一个方向上变形。如图 4-28 所示。

如果缩小文字框，放不下的文字会被隐藏起来。文字框右下角的控制点成为"田"字形，表示还有文字没显示出来。此时可以缩小文字或放大文字框使文字全部显现。如图4-29所示。

当鼠标移动到文字框的任意一个控制点时，都会变成双向弯曲箭头，拖动鼠标，可以对文字进行旋转。如图4-30所示。

图4-28　段落文本框变形

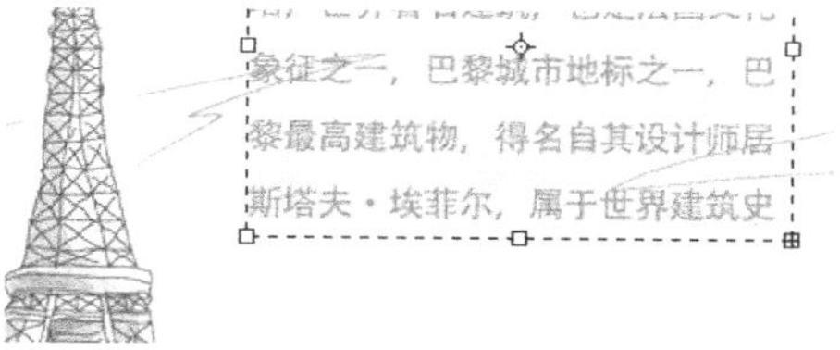

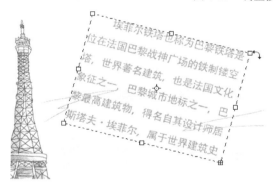

图4-29　调整段落文本框

图4-30　调整段落文本框

4.3.3　字符面板

在文字输入时和输入完成后都可以对文字的属性进行设置。文字的属性包括文字的字体、大小、样式和字距等。

执行"窗口→字符"命令，或选择文字工具选项条中的"切换字符和段落面板" 按钮，都可以打开"字符"面板。如图4-31所示。

"字符"面板释义如下：

（1）字体 ：可以在弹出的下拉列表中选择不同的字体。

（2）字型 Regular ：单击图标，可以将字体设置为普通、斜体、黑体、黑斜体四种方式，英文字体常常用到这些字型选项。

（3）字体大小 58.86点 ：选中文字，在此数值框中输入数

图4-31　字符面板

值或在下拉列表中择一个数值，可以设置文字的大小。

（4）行间距 108.89点：行距指两行文字之间的基线距离。在数值框中输入数值或在下拉列表中选择一个数值，可以设置行距，数值越大行距越大。如图 4-32 所示。

图 4-32　字符行距 11 和行距 16 的对比

（5）字距微调 VA 0：只有在文字光标插入文字中时，字距微调参数才能输入。字距微调是用来增加或减少字母间距离的。在输入框中输入正值，则两个字母的间距会增大；如果输入负值，则两个字母间的间距会缩小。

（6）字距调整 VA 0：选中文字后，此参数控制所有选中文字的间距，数值越大间距越大。如图 4-33 所示。

图 4-33　字间距 15 和字间距 28 的对比

（7）比例间距 0%：比例间距可以按指定的百分比值减少字符周围的空间。当更改比例间距时，字符两侧的间距按相应的百分比减少，字符本身不会被伸展或挤压。

（8）垂直比例 IT 49%：在数值框中输入百分比，可以调整字体垂直方向上的比例。

（9）水平比例 T 48%：在数值框中输入百分比，可以调整字体水平方向上的比例。

（10）基线偏移 Aa 0点：控制文字与文字基线的距离，正数向上移，负数向下移。

（11）颜色：单击颜色调块，在弹出的"拾色器"中可以设置字体的颜色。

（12）字体特殊样式：单击其中的按钮，可以将选中的字体改变为此种形式显示。

（13）英文字体语言：设定语言类别，对所选字符进行连字符和拼写规则的语言设置。

（14）消除锯齿 ：选择不同的消除字体的锯齿边缘的方法，以设置文字的边缘光滑程度。

4.3.4　段落面板

段落属性包括段落的编排、对齐和定位等。如图 4-34 所示。

图 4-34　段落面板

（1）文字对齐方式 ：单击其中的选项，可以设定不同的排列方式。列表中从左到右依次为：左对齐，居中对齐、右对齐、最后一行左对齐、最后一行居中对齐、最后一行右对齐、全部对齐。

（2）左缩进值 ：设置当前段落的左侧相对于左文字框的缩进值。

（3）右缩进值 ：设置当前段落的右侧相对于右文字框的缩进值。

（4）首行缩进值 ：设置当前段落的首行相对于其他行的缩进值。对于横排文字，首行缩进值与左缩进有关；对于直排文字，首行缩进与顶端缩进有关。

（5）段前添加空格 ：设置当前段落与上一段落之间的垂直间距。

（6）段后添加空格 ：设置当前段落与下一段落之间的垂直间距。

（7）避头尾法则设置 ：设置以何种标准来规范出现在一行的开头或结尾的标点、括号等字符。

（8）间距组合设置 ：确定文字中标点、符号、数字以及其他字符类别之间的间距。

（9）连字 ：设置手动和自动断字，仅适用于 Roman 字符。

4.3.5　文字变形

在 Photoshop CC 中，已经输入好的文字可以通过文字选项栏中的"变形" 选项进行不同形状的变形，使文字的效果更加丰富。如图 4-35 所示。

图 4-35　变形文字面板

样式：选择文字变形的外观样式。

水平：设定弯曲的中心轴是水平方向的。

垂直：设定弯曲的中心轴是垂直方向的。

弯曲：设定文字弯曲的程度，数值越大弯曲度越大。

水平扭曲：设定文字在水平方向产生扭曲变形的程度。

垂直扭曲：设定文字在垂直方向产生扭曲变形的程度。

变形效果如图 4-36 所示。

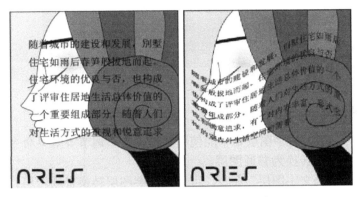

图 4-36　原始文字与波浪变形文字

4.3.6　文字转换

1．文字转换为路径

如果需要把文字转换为路径，可以执行"类型→创建工作路径"命令，即可根据文本图层的文字边框创建一个工作路径，以便对路径的节点、路径线进行编辑，从而得到更多的文字变化效果。如图 4-37 所示。

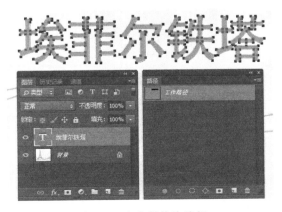

图 4-37　文字转换为路径

2．文字转换为形状

执行"类型→转换为形状"命令，可以将文字转换为与其轮廓相同的形状，如图 4-38 所示。

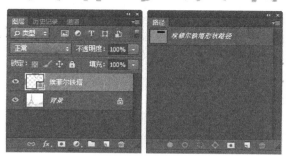

图 4-38　文字转换为形状

3．文字转换为图像

在 Photoshop CC 中，文字图层是不能使用滤镜、色彩调节等效果命令的，如果想使用这些效果，只有将文字图层转换为普通图层。

执行"类型→栅格化文字图层"命令，可以将文字图层转换普通图层。转换后的图层不再具有文字图层的属性，不能改变文字的字体、字号等。如图 4-39 所示。

图 4-39　文字转换为图像

4.3.7　路径文字

在 Photoshop CC 中，可以沿路径绕排文字，创作出更加灵活多变的文字形式。选择文字工具，放在制作好的路径上，当鼠标指针变为 时，点击鼠标左键，插入文字输入符，输入所需文字即可。如图 4-40 所示。

在已经制作好的路径文字图层上，使用 "直接选择工具"，当鼠标指针变为 时点击，可以调整文字在路径上的起始位置。当鼠标指针变为 时点击，可以调整文字在路径上的终点位置。如图 4-41 所示。

图 4-40　创建路径文字

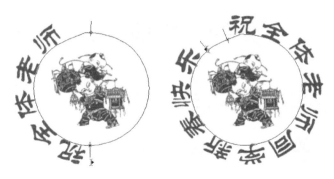

图 4-41　调整路径文字起始位置和终点位置

在已经制作好的路径文字图层上，使用"直接选择工具"，当鼠标指针变为 时点击，出现文字插入符，拖动文字插入符向路径的另一侧，可以变换文字在路径两侧的位置。如图 4-42 所示。

已经创建完成的路径文字，如果改变路径的形状，路径上的文字也随之改变。如图 4-43 所示。

图 4-42　调整路径文字在路径两侧的位置

图 4-43　路径文字随路径发生变化

4.3.8　区域文字

在 Photoshop CC 中，可以在一个封闭区域内输入文字，使当前的文字段落具有路径的外形。

选择文字工具，放在制作好的封闭路径内，当鼠标指针变为 时，点击鼠标左键，插入文字输入符，输入所需文字即可。如图 4-44 所示。

已经创建完成的区域文字，如果改变封闭路径的形状，路径内的文字也随之改变。如图 4-45 所示。

图 4-44　创建区域文字

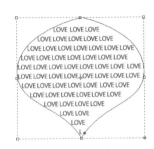

图 4-45　区域文字随路径发生变化

4.4　实战演练

1．实战效果

制作一个儿童书籍封面，效果如图 4-46 所示。

图 4-46　儿童书籍封面效果图

2．制作要求

（1）熟练掌握路径绘制的方法。
（2）熟练掌握文字制作的方法。
（3）学会运用文字的各种变形效果。

3．操作提示

（1）新建一个横向 42×29.7 厘米，ppi300，CMYK 模式的文档，保存名称为"儿童书籍"。拖出一条参考线，放置在横向 21 厘米处。如图 4-47 所示。

（2）打开素材所提供的文档"封面图.jpg"，按"Ctrl+A"全选图像，使用移动工具将其拖曳到"儿童书籍"文档中。按"Ctrl+T"调整大小，放置于文档的右边一半位置上。同样把"封底图.jpg"置入文档。如图 4-48 所示。

图 4-47　新建参考线

图 4-48　置入图片

（3）在封面图上用"钢笔工具"依据图像画出波浪形的路径。如图 4-49 所示。

（4）选中路径，使用横排文字工具，放在路径上当鼠标指针变为 ↘时点击，写入文字。如图 4-50 所示。

图 4-49　制作波浪形路径

图 4-50　创建路径文字

（5）在封底图上用"自由钢笔工具"，勾选磁性，画出心形的路径。如图 4-51 所示。

（6）选中路径，使用横排文字工具，放在路径内当鼠标指针变为①时点击，写入文字。如图 4-52 所示。

图 4-51　制作心形路径

图 4-52　创建区域文字

（7）打开素材所提供的文档"条形码.jpg"，按"Ctrl+A"组合键全选图像，使用移动工具将其拖曳到"儿童书籍"文档中。按"Ctrl+T"组合键调整大小，将图层混合模式调整为"正片叠底"。同样置入文档"出版社.jpg"。如图 4-53 所示。

（8）使用横排文字工具写上书名，选中文字，单击"创建文字变形"按钮，选择样式"旗帜"，水平弯曲+50。如图 4-54 所示。

图 4-53　加条形码和出版社图

图 4-54　创建文字变形

（9）使用横排文字工具写上作者姓名。如图 4-55 所示。

（10）最终效果如图 4-56 所示。

图 4-55　添加作者姓名　　　　　　　　图 4-56　最终效果

4.5　本章小结与重点回顾

本章主要介绍了 Photoshop CC 中路径与文字的使用，学习了制作和编辑路径的基本方法，文字的创建和变形等。通过本章的学习使读者掌握并熟练应用路径和文字，了解它们的特性，恰当使用，能得到更好的效果。

 本章重点

- 掌握创建路径的方法。
- 熟练应用编辑路径的方法。
- 掌握创建文字的方法。
- 熟练设定文字的属性。
- 掌握文字的转换和变形。

习题 4

一、选择题

1. 创建路径时，可以选择以下哪些方式来创建（　　）。

　　A．路径　　　　　　B．形状图层　　　　　C．图形　　　　　　D．像素

2. 文字可以转换为（　　）。

　　A．路径　　　　　　B．形状　　　　　　　C．图像　　　　　　D．选区

二、填空题

1．一条典型的路径由_____、_____和_____构成。

2．在 Photoshop CC 中创建路径经常使用的工具有_____工具组和_____工具组。

3．转换点工具可以让锚点在_____和_____之间进行变换。

4．使用单击的方法创建的文字叫做_____，使用鼠标单击并拖动的方法创建的文字叫做_____。

第 5 章

Photoshop CC 图像的绘制与修饰

Photoshop CC 具有强大的绘图功能，画笔工具使用方便快捷，可编辑性强，通过不同的笔触组合，可以创建丰富的图形效果。而修饰工具，可以对图像进行修补，还原图像。本章将详细介绍图像的绘制功能和修饰功能，并将它们综合运用，同时通过相关实例来更快地掌握相关知识和操作技巧。

5.1 照片的绘制与修饰

5.1.1 案例综述

本案例为利用"定义画笔预设"命令，创建一个气泡画笔，并对画笔进行属性调整，表现出更加逼真自然的效果，然后利用新定义的画笔对照片进行修饰。如图 5-1 所示。

图 5-1　照片的绘制与修饰

5.1.2　案例分析

在制作过程中，本案例主要应用到了以下工具和制作方法：

（1）画笔工具的使用。

（2）自定义画笔。

（3）画笔属性的调整。

5.1.3　实现步骤

（1）新建一个 400×400 像素，ppi72，RGB 模式，背景颜色为白色的文档，保存名称为"气泡"。

（2）使用椭圆选框工具，按住"Shift+Alt"键，在画面中心点击并拖动，绘制一个正圆形选框。如图 5-2 所示。

（3）新建图层 1，在新图层上使用"油漆桶工具"，选择黑色填充正圆形选框。如图 5-3 所示。

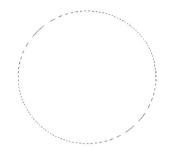

图 5-2　绘制正圆形选框　　　　　图 5-3　填充颜色

（4）执行"选择→修改→羽化"，羽化值为 20，删除选区，得到一个边缘渐变的圆形。如图 5-4 所示。

（5）新建图层 2，在新图层上，使用"画笔工具"，设置画笔大小 50 像素，硬度为 0，不透明度为 30%，在圆形内部绘制气泡画笔的反光形状。如图 5-5 所示。

图 5-4　删除羽化范围　　　　　图 5-5　绘制反光形状

（6）重复使用这个画笔，把不透明度改为 60%，在原反光形状上再重叠绘制一个稍微短一些的笔触；再把不透明度改为 100%，再重叠绘制一个稍微短一些的笔触。如图 5-6 所示。

（7）使用相同的方法，绘制出其他的反光形状。如图 5-7 所示。

（8）执行"滤镜→模糊→高斯模糊"，半径值为 7.6 像素，模糊反光的外形。将图像合并图层，存储为"气泡.jpg"。如图 5-8 所示。

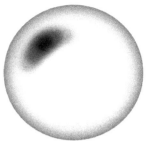

图 5-6　重复绘制反光形状　　　　图 5-7　绘制其他反光形状　　　　图 5-8　模糊反光形状

（9）执行"编辑→定义画笔预设"，将气泡图像定义为画笔。如图 5-9 所示。

（10）打开素材所提供的文档"樱花.jpg"，选择"画笔工具"，选中刚刚定义的气泡画笔。如图 5-10 所示。

图 5-9　定义画笔　　　　　　　　　图 5-10　选择气泡画笔

（11）打开"画笔"面板，在"画笔笔尖形状"选项卡上，将大小设定为 200 像素，间距设定为 230%；在"形状动态"选项卡上，将大小抖动设定为 100%，最小直径设定为 0%；在"散布"选项卡上，勾选"两轴"，数值为 800%，数量为 2；在"颜色动态"选项卡上，勾选"应用每笔尖"，将色相抖动设定为 100%，最小直径设定为 0%；在"传递"选项卡上，将不透明度的数量抖动设定为 50%，最小为 0%；如图 5-11 所示。

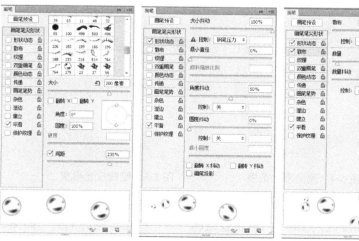

图 5-11　定义画笔

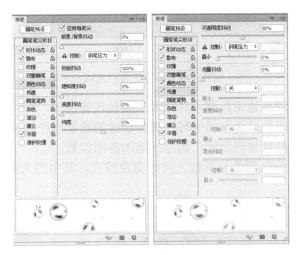

图 5-11　定义画笔（续）

（12）在文档"樱花.jpg"上，把画笔的不透明度分别调整为 20%、40%、60%，用气泡画笔绘制气泡。如图 5-12 所示。

图 5-12　绘制气泡

5.2　画笔工具组

在 Photoshop 中通过设置画笔的参数，就可以得到不同类型的笔触效果，还可以将图案定义为画笔的形状，从而得到传统绘画无法企及的效果。

5.2.1　画笔工具

1．画笔工具选项

使用"画笔工具"可绘出边缘柔软的画笔效果，画笔的颜色为工具箱中的前景色。选择"画笔工具"，其工具选项栏如图 5-13 所示。

图 5-13　画笔工具栏选项

① 工具预设：可实现新建工具预设和载入工具预设等操作。

② 画笔预设：在画笔预设选取器中可以选择合适的画笔直径与硬度。

③ 画笔面板：可以打开画笔面板，调整画笔的各项参数。

④ 模式：用于设置画笔颜色与画纸之间的混合模式，其中的大部分选项与图层的混合模式相同。如图 5-14 所示。

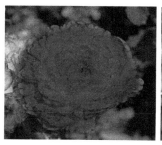

图 5-14　画笔使用正片叠底模式和滤色模式的对比

⑤ 不透明度：可设置使用画笔绘图时所绘颜色的不透明度；降低画笔的不透明度将减淡色彩，笔画重叠处会出现加深效果。

⑥ 绘图板压力控制不透明度：可通过绘图板压力感应来控制画笔的不透明度，只有连接绘图板后这个按钮才起作用。

⑦ 流量：使用画笔工具绘图时，在不透明度值一定的前提下，流量值设置得越大，达到目标不透明度所用的绘画次数越少，所用的时间也越短，速度越快；反之，达到目标不透明度的绘画次数越多，所需的时间也越长，速度越慢。

⑧ 喷枪模式：当选中"喷枪"效果时，即使在绘制线条的过程中有所停顿，喷笔中的颜料仍会不停地喷射出来，在停顿处出现一个颜色堆积的色点。停顿的时间越长，色点的颜色也就越深，所占的面积也越大。如图 5-15 所示。

图 5-15　画笔使用正常模式和喷枪模式的对比

⑨ 绘图板压力控制大小：可通过绘图板压力感应来控制画笔的大小，只有连接绘图板后这个按钮才起作用。

2. 画笔面板

除了直径和硬度的设定外，更多的画笔效果可以通过画笔面板的选项来实现，这使得画笔变得丰富多彩。执行"窗口→画笔"命令或按快捷键"F5"即可调出画笔面板，画笔面板中包含有对画笔预设的各种选项卡。

① 画笔笔尖形状："大小"用于定义画笔的笔尖大小；"翻转 X/Y"用于设置笔尖在哪个轴上进行翻转；"角度"用于设置画笔形状的倾斜角度；"圆度"用于控制画笔 X 轴和 Y 轴的长度比例；"硬度"用于设置笔尖的柔和程度；"间距"用于设置两个笔触之间的距离。如图 5-16 所示。

② 形状动态：用于设置画笔大小、角度和圆度的变化范围。如图 5-17 所示。

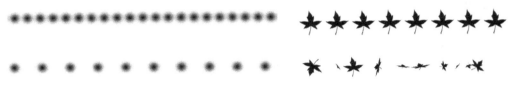

图 5-16　不同间距的画笔类型　　　　　图 5-17　不同形状的画笔类型

③ 散布：用于设置画笔偏离绘画路径的位置、程度和数量变化。如图 5-18 所示。

④ 纹理：用于在画笔上添加纹理效果，并可控制纹理的叠加模式、缩放比例和深度。如图 5-19 所示。

图 5-18　不同散布的画笔类型　　　　　图 5-19　无纹理和添加纹理的画笔类型

⑤ 双重画笔：将两种笔尖的形状创建为一个画笔形状。如图 5-20 所示。

图 5-20　单一画笔效果和双重画笔效果

⑥ 颜色动态：用于控制画笔在绘制的过程中，画笔颜色的变化，包括前景/背景抖动、色相抖动、饱和度抖动、亮度抖动和纯度抖动。如图 5-21 所示。

⑦ 传递：用于控制画笔在绘制的过程中，不透明度和流量的变化。如图 5-22 所示。

⑧ 画笔笔势：在使用笔刷等特殊画笔时，可以模拟手绘的方式，调整画笔的倾斜程度、旋转方向和压力大小，得到不同的绘画效果。如图 5-23 所示。

图 5-21　单一颜色效果和颜色变化效果　　　　　图 5-22　无传递变化效果和有传递变化效果

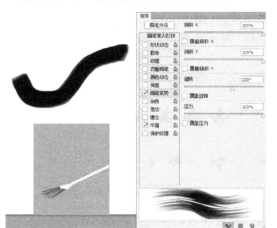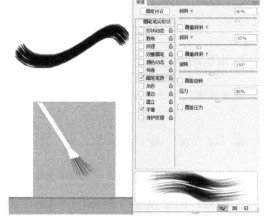

图 5-23　不同画笔笔势的区别

⑨ 其他："杂色"用于在画笔的边缘添加毛边；"湿边"用于模拟水彩画笔的效果；"建立"用于模拟喷枪的效果；"平滑"可以使绘制的线条呈现更加光滑的边缘；"保护纹理"可以对所有的画笔使用相同的纹理图案和缩放比例，当使用多个画笔时，可以模拟一致的画布纹理。

5.2.2　铅笔工具

使用"铅笔工具"可绘出硬边的线条，如果是斜线，会带有明显的锯齿，所有边缘光滑的笔刷都会被锯齿化。绘制的线条颜色为工具箱中的前景色。选择"铅笔工具"，其工具选项栏如图 5-24 所示。

图 5-24　铅笔工具栏选项

在"铅笔工具"的选项栏中，除了一个"自动抹除"选项外，其余选项属性都与画笔选项相同。选中此选项后，如果铅笔线条的起点处是工具箱中的前景色，铅笔工具将和橡皮擦工具相似，会将前景色擦除至背景色；如果铅笔线条的起点处是工具箱中的背景色，铅笔工具会和绘图工具一样使用前景色绘图；铅笔线条起始点的颜色与前景色和背景色都不同时，铅笔工具也是使用前景色绘图。

5.2.3　颜色替换工具

"颜色替换工具"能够替换图像中指定的颜色。选择好前景色后，在图像中需要更改颜色的地方涂抹，即可将其替换为前景色，并能保留图像原有的材质纹理与明暗效果。选择"颜色替换工具"，其工具选项栏如图 5-25 所示。

图 5-25　颜色替换工具栏选项

① 模式：不同的绘图模式会产生不同的替换效果，包括"色相"、"饱和度"、"颜色"、"明度"，常用的模式为"颜色"。

② 取样（连续）："连续"方式将在涂抹过程中不断以鼠标所在位置的像素颜色作为基准色，决定被替换颜色的范围。

③ 取样（一次）："一次"方式将始终以涂抹初始时鼠标所在位置的像素颜色为基准色，决定被替换颜色的范围。

④ 取样（背景色板）："背景色板"方式将只替换与背景色相似的像素。

⑤ 限制选项："不连续"方式将替换鼠标所到之处的颜色；"连续"方式只替换鼠标邻近区域的颜色；"查找边缘"方式将重点替换位于色彩区域之间的边缘部分，同时更好地保留形状边缘的锐化程度。

⑥ 容差：在所有的取样过程中，都要参考容差的数值。选取较低的百分比可以替换与所选像素非常相似的颜色，而增加该百分比可替换范围更广的颜色。

颜色替换效果如图 5-26 所示。

图 5-26　颜色替换效果

5.2.4　混合器画笔工具

"混合器画笔工具"可以绘制出逼真的手绘效果，是较为专业的绘画工具，通过混合器画笔属性栏的设置可以调节笔触的颜色、潮湿度、混合颜色等，就如同在绘制水彩或油画的时候，随意调节颜料的颜色、浓度等，绘制出更为细腻真实的图像。选择"混合器画笔工具"，其工具选项栏如图 5-27 所示。

图 5-27　混合器画笔工具栏选项

① 画笔：单击该按钮，在打开的下拉列表中选择画笔的大小及硬度。

② 显示前景色颜色：点击右侧三角形，可以选择载入画笔、清理画笔或只载入纯色。

③ 每次描边后载入画笔：设置每一笔涂抹结束后对画笔是否更新。

④ 每次描边后清理画笔：设置每一笔涂抹结束后对画笔是否清理，类似于画家在绘画时一笔过后是否将画笔在水中清洗的过程。

⑤ 混合画笔组合：提供多种为用户预设的画笔组合类型，包括干燥、湿润、潮湿和非常潮湿等。当选择其中一种混合画笔时，右边的四个选择数值会自动改变为预设值。

⑥ 潮湿：设置从画布拾取的油彩量。就像是给颜料加水，设置的值越大色彩越淡。

⑦ 载入：设置画笔上的油彩量。载入值越大，画笔的颜色越重，从画布取得的颜色越深。

⑧ 混合：用于设置多种颜色的混合。当潮湿为 0 时，该选项不能用；数值越大混合的越多。

⑨ 流量：设置描边的流动速率。

混合器画笔的效果如图 5-28 所示。

图 5-28　混合器画笔工具效果

5.3　橡皮擦工具组

5.3.1　橡皮擦工具

"橡皮擦工具"可将图像擦除，并将擦除的颜色用背景色或透明像素填充，还可将图像还原到历史记录面板中的任何一个状态。选择"橡皮擦工具"，其工具选项栏如图 5-29 所示。

图 5-29　橡皮擦工具栏选项

在"模式"后面弹出的下拉菜单中，可选择不同的橡皮擦类型，包括"画笔"、"铅笔"和"块"，选择不同的橡皮擦类型，得到的擦除效果也不同。如图 5-30 所示。

在"橡皮擦工具"的选项栏中有一个"抹到历史记录"的选项，选择此选项后，当将橡皮擦工具移动到图像上时则变成图标 ，此时可将图像恢复到历史面板中任何一个状态或图像的任何一个"快照"。如图 5-31 所示。

图 5-30　橡皮擦工具不同模式的效果

图 5-31　使用橡皮擦恢复图像

5.3.2　背景橡皮擦工具

"背景橡皮擦工具"可将图层上的颜色擦除成透明，并将背景层转变为普通图层。选择"背景橡皮擦工具"，其工具选项栏如图 5-32 所示。

图 5-32　背景橡皮擦工具栏选项

① 取样（连续）："连续"方式将在擦除过程中不断以鼠标所在位置的像素颜色作为基准色，决定被擦除颜色的范围。

② 取样（一次）："一次"方式将始终以涂抹初始时鼠标所在位置的像素颜色为基准色，决定被擦除颜色的范围。

③ 取样（背景色板）："背景色板"方式将只擦除与背景色相似的像素。

④ 限制选项："不连续"方式将擦除鼠标所到之处的颜色；"连续"方式只擦除鼠标邻近区域的颜色；"查找边缘"方式将重点擦除位于色彩区域之间的边缘部分。

⑤ 容差：在所有擦除的过程中，都要参考容差的数值。选取较低的百分比可以擦除与所选像素非常相似的颜色，而增加该百分比可擦除范围更广的颜色。

⑥ 保护前景色：在擦除背景的同时，将所选前景色进行保护。

效果如图 5-33 所示。

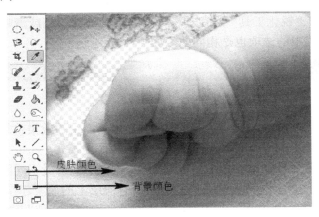

图 5-33　使用背景橡皮擦工具的背景色板方式擦除背景

5.3.3　魔术橡皮擦工具

"魔术橡皮擦工具"可一次性选择并擦除与当前鼠标单击处颜色基本相同且处于容差值范围内的所有颜色，其效果类似魔棒工具和橡皮擦工具的组合。选择"魔术橡皮擦工具"，其工具选项栏如图 5-34 所示。

图 5-34　魔术橡皮擦工具栏选项

在工具选项栏中，选择"连续"选项只会去除图像中和鼠标单击点相似并连续的部分，如果不选择此项，将擦除图像中所有和鼠标单击点相似的像素，不管是否和鼠标单击点连续。如图 5-35 所示。

图 5-35　原图、勾选连续、不勾选连续的效果对比

5.4　修饰图像工具

Photoshop 还有许多的工具可以对图像进行修饰，使用非常方便，应用也很频繁，下面将对这些工具进行一一讲解。

5.4.1　模糊工具和锐化工具

"模糊工具" ◍与"锐化工具" ▲可使图像的一部分边缘模糊或清晰，常用于对细节的修饰。两者的工具选项栏中的选项也是相同的。如图 5-36 所示。

图 5-36　模糊工具选项栏

选项中主要可调节"强度"的大小，强度越大，工具产生的效果就越明显；在"模式"后面的弹出菜单中可设定操作时修饰的内容和底图不同的作用模式。

当选中"对所有图层取样"选项时，工具在操作过程中就会受不同图层的影响，不管当前是哪个活动层，"模糊工具"和"锐化工具"都对所有图层上的像素起作用。

"模糊工具"可降低相邻像素的对比度，将较硬的边缘软化，使图像柔和。"锐化工具"可增加相邻像素的对比度，将较软的边缘明显化，使图像聚焦。效果如图 5-37 所示。

图 5-37　原图与使用模糊工具和使用锐化工具的效果对比

5.4.2　涂抹工具

"涂抹工具" 模拟用手指在湿画布上涂抹颜色的效果，以"涂抹工具"在颜色的交界处操作，会有一种相邻颜色互相挤入而产生的模糊感。"涂抹工具"不能在位图和索引颜色模式的图像上使用。选择"涂抹工具"，其工具选项栏如图 5-38 所示。

图 5-38　涂抹工具选项栏

在选项中，主要可以通过"强度"来控制模拟手指作用在画面上的工作力度，数值越大，手指拖出的线条就越长，反之则越短。当选中"手指绘画"选项时，每次拖拉鼠标绘制的开始就会使用工具箱中的前景色。如果将"强度"设置为 100%，则绘图效果与画笔工具完全相同。效果如图 5-39 所示。

图 5-39　原图与涂抹效果对比

5.4.3　减淡工具和加深工具

"减淡工具" 和"加深工具" 主要用来调整图像的细节部分，可使图像的局部变淡或变深。两者的工具选项栏中的选项也是相同的。如图 5-40 所示。

图 5-40　减淡工具选项栏

在"范围"后面的弹出菜单中可分别选择"暗调"、"中间调"和"高光"，设定操作具体在图像色调的哪个范围；还可设定不同的"曝光度"，曝光度越高，减淡和加深的效果就越明显。

"减淡工具"可使细节部分变亮，类似于加光的操作。"加深工具"可使细节部分变暗，类似于遮光的操作。效果如图 5-41 所示。

图 5-41　原图与使用减淡工具和加深工具的效果对比

5.4.4 海绵工具

"海绵工具" 主要用来调整图像的细节部分，可使图像的局部色彩饱和度增加或降低。单击工具箱中的"海绵工具"，其工具选项栏如图 5-42 所示。

图 5-42 海绵工具选项栏

"模式"后面的弹出菜单中可分别选择"加色"或"去色"。"加色"选项会增加图像中修饰部分的饱和度；"去色"选项会减少图像中修饰部分的饱和度。"流量"值用来控制加色或去色的程度。效果如图 5-43 所示。

图 5-43 原图与使用海绵工具的效果对比

5.5 修复工具组

利用 Photoshop CC 中的修复工具组中的工具，可以用最接近的像素对缺损的、被破坏的或不理想的图像局部进行修复。此类工具在修补图像和处理数码照片时使用最为广泛。

5.5.1 污点修复画笔工具

"污点修复画笔工具" 用于去除照片的杂色或者污斑，此工具和 "修复画笔工具" 非常相似，两种工具的唯一区别在于使用方法。

使用"污点修复画笔工具"不需要进行取样操作，只需要在图像中有杂色或污点的地方单击即可，Photoshop 能够自动分析操作区域中图像的不透明度、颜色、质感等，从而进行自动取样工作，完成去除杂色等操作。单击工具箱中的"污点修复画笔工具"，其工具选项栏如图 5-44 所示。

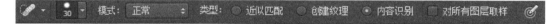

图 5-44 污点修复画笔工具选项栏

在"画笔选取器"中定义修复画笔工具的大小、硬度、间距等；在"模式"后面的弹出菜单中选择复制或填充的像素和底图的混合方式；在"类型"中，选择修复后添加的像素是采用哪种分析计算方式得到的。效果如图 5-45 所示。

图 5-45　原图与使用污点修复画笔工具的效果对比

5.5.2　修复画笔工具

"修复画笔工具" 也用于修复图像瑕疵，其工作原理与修复效果与污点修复画笔工具相似，但是它更适合修复小区域的图像瑕疵，而且"修复画笔工具"由于具有取样的功能，所以修复性会更强一些。单击工具箱中的"修复画笔工具"，其工具选项栏如图 5-46 所示。

图 5-46　修复画笔工具选项栏

在"源"后面有两个选项，当选择"取样"时，"修复画笔工具"的作用和"仿制图章工具"相似，首先按住"Alt"键确定取样起点，然后松开"Alt"键，将鼠标移动到要复制的位置，单击或拖拉鼠标进行修复；当选择"图案"时和"图案图章工具"相似，可以在弹出面板中选择不同的图案或自定义图案进行图像的填充。效果如图 5-47 所示。

图 5-47　原图与使用修复画笔工具的效果对比

5.5.3　修补工具

"修补工具" 可以从图像的其他区域或使用图案来修补当前选中的区域。和"修复画笔工具"相同之处是修复的同时也保留图像原来的纹理、亮度及质感等信息，但是"修补工具"更适合大面积地修补图像。单击工具箱中的"修补工具"，其工具选项栏如图 5-48 所示。

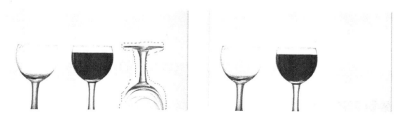

图 5-48　修补工具选项栏

在执行修补操作之前，首先要确定修补的选区，可以直接使用修补工具在图像上拖拉形成任意形状的选区，也可以采用其他的选择工具进行选区的创建，然后将选区拖曳到没有瑕疵的位置上即可。效果如图 5-49 所示。

图 5-49　原图与使用修补工具的效果对比

5.5.4　内容感知移动工具

"内容感知移动工具" ⊠ 可以简单的选择图像中的某个部分，然后将其移动到图像的中的其他任何位置，经过 Photoshop CC 的计算，完成极其真实的合成效果。单击工具箱中的"内容感知移动工具"，其工具选项栏如图 5-50 所示。

![图 5-50 内容感知移动工具选项栏]

图 5-50　内容感知移动工具选项栏

其中"移动"是将所选图像移动到新的位置上，原位置图像会依据周围的像素被自动修补；"扩展"是将所选图像移动到新的位置上，原位置图像不变。选择"适应"的不同选项，可以使移动的图像边缘以哪一种模式和原图进行融合。选择"严格"时，选区周边不容易和原图融合；而选择"松散"时，选区周边比较容易和原图融合。效果如图 5-51 所示。

图 5-51　原图与使用移动模式和扩展模式的效果对比

5.5.5　红眼工具

"红眼工具" ⊡ 可以用来校正使用闪光灯时产生的红眼现象。"红眼工具"的工具选项栏，如图 5-52 所示。

图 5-52　红眼工具选项栏

"瞳孔大小"可以设置红眼工具修复笔触的大小。"变暗量"则与"画笔"工具的流量相似，用于控制颜色替换的程度。效果如图 5-53 所示。

图 5-53　原图与使用红眼工具的效果对比

5.6　仿制图章工具组

5.6.1　仿制图章工具

使用"仿制图章工具"，可以按照指定的像素点为复制基准点，准确复制图像从而产生某部分或全部的拷贝，是修补图像时常用的工具。单击工具箱中的"仿制图章工具"，其工具选项栏如图 5-54 所示。

图 5-54　仿制图章工具选项栏

在仿制图章工具选项栏中有一个"对齐"选项，这一选项在修复图像时非常有用。因为在复制过程中可能需要经常停下来，以更改仿制图章工具的大小和软硬程度，然后继续操作，因而复制会终止很多次。若选择"对齐"选项，下一次的复制位置会和上次的完全相同，图像的复制不会因为终止而发生错位。若不选择"对齐"选项，一旦松开鼠标键，表示这次的复制工作结束，当再次按下鼠标键时，表示复制重新开始，每次复制都会从取样点重新开始，操作起来很麻烦。所以应用此选项对得到一个完整的拷贝非常有帮助。

在使用"仿制图章工具"时，首先要在按住"Alt"键的同时单击鼠标左键确定取样部分的起点，此时鼠标指针变成 ⊕ 。然后将鼠标移到图像中需要复制的位置，按下鼠标左键时，会有一个"十"字形符号标明取样位置，拖拉鼠标就会将取样位置的图像复制下来。效果如图 5-55 所示。

"仿制图章工具"不仅可在一个图像上操作，而且还可以从任何一张打开的图像上取样后复制到当前图像上。效果如图 5-56 所示。

图 5-55　原图与使用仿制图章工具的效果对比

图 5-56　在不同的图像之间使用仿制图章工具

5.6.2　图案图章工具

使用"图案图章工具"可将各种图案填充到图像中，和"仿制图章工具"非常相似，不同的是"图案图章工具"直接以图案进行填充，不需要按住"Alt"键进行取样。单击工具箱中的"图案图章工具"，其工具选项栏如图 5-57 所示。

图 5-57　图案图章工具选项栏

使用"图案图章工具"可以在图案预览图的弹出面板中选择预定好的图案，也可以使用自定义的图案。方法是用"矩形选框工具"选择一个羽化值为 0 的区域，执行"编辑→定义图案"命令，弹出"图案名称"对话框，在"名称"栏中输入图案的名称，单击"确定"按钮即可将图案存储起来。在"图案图章工具"选项栏中的图案弹出面板中就可以看到新定义的图案。定义好图案后，直接以"图案图章工具"在图像内绘制，即可将图案一个挨一个整齐排列在图像中。效果如图 5-58 所示。

选中"图案图章工具"选项栏中的"印象派"选项时，用图案图章工具绘制出来的笔触与印象派绘画效果相似。效果如图 5-59 所示。

图 5-58　使用图案图章工具效果　　　　图 5-59　使用图案图章工具的印象派选项效果

5.7　实战演练

1．实战效果

将一幅街景人物照片利用 Photoshop CC 的修复工具去掉人物，再用绘制工具进行修饰。效果如图 5-60 所示。

2．制作要求

（1）熟练运用各种修复工具修图。

（2）熟练运用仿制图章工具复制图像。

（3）掌握定义画笔的方式。

3．操作提示

（1）打开素材所提供的文档"街景.jpg"。如图 5-61 所示。

图 5-60　照片效果图　　　　　　　　　图 5-61　打开文档

（2）使用"路径工具"将人物选中，转换为选区。如图 5-62 所示。

（3）拖动选区，观察选区内部图像，直至移动到比较符合所需填充的内容位置。如图 5-63 所示。

（4）使用"仿制图章工具"，将房角附近的天空进行修补。如图 5-64 所示。

（5）用"多边形套索工具"选出部分完整的灯杆，按"Ctrl+T"拉长并旋转，使其能够补齐下方缺失的灯杆部分，再使用"仿制图章工具"修补。如图 5-65 所示。

图 5-62　选取人物

图 5-63　修补图像

图 5-64　修补天空

图 5-65　修补灯杆

（6）使用"模糊工具"，将远处的房角部分进行模糊，形成纵深感，并与周围融为一体。如图 5-66 所示。

（7）使用"多边形套索工具"，在需要修补的墙面上画出选区，拖动选区到合适的位置。如图 5-67 所示。

图 5-66　模糊房角

图 5-67　选择修补区域

（8）使用"内容感知移动工具"，设置模式为"扩展"，适应为"中"，把选框拖回需要修补的位置，自动修复此位置像素并进行融合。如图 5-68 所示。

（9）使用"仿制图章工具"，按"Alt"键在石子路上单击取样。如图 5-69 所示。

（10）复制石子路，并不断调整它和旁边的石板路之间的边缘。如图 5-70 所示。

（11）选择"画笔工具"，打开"画笔"面板，在"画笔笔尖形状"选项栏里，将大小设置为 60 像素，硬度为 0%，角度设置为-80 度，圆度为 3%，间距为 1000%；在"形状动态"选项栏里，设置大小抖动为 50%；在"散布"选项栏里，勾选"两轴"，散布为 1000%，数量为 2，数量抖动为 50%。将前景色设置为白色，画出雨幕的效果。如图 5-71 所示。

图 5-68　修补墙面　　　　　　　　图 5-69　石子路取样

图 5-70　修补石子路　　　　　　　图 5-71　制作雨幕效果

（12）新建图层，重复绘制雨幕效果，并将图层不透明度设置为 60%。执行"滤镜→模糊→高斯模糊"命令，将半径设置为 1 像素，虚化雨幕，造成近实远虚的透视效果。如图 5-72 所示。

（13）打开素材所提供的文档"英文.jpg"，使用"矩形选框工具"将文字部分选中，复制并粘贴到"街景"文档中。把文字图层的混合模式改为"变暗"。如图 5-73 所示。

图 5-72　模糊雨幕　　　　　　　　图 5-73　置入文字

（14）在背景图层上，执行"滤镜→渲染→镜头光晕"命令，选择"电影镜头"，亮度为70%，调整好反光点的位置即可。如图5-74所示。

图5-74　光晕渲染

5.8　本章小结与重点回顾

一张照片，往往需要后期的修饰才能够达到完美的境界。Photoshop CC提供了强大的绘制与修饰图像的工具，可以对有缺陷的图像进行调整或对图像进行进一步加工。本章主要介绍了Photoshop CC中绘制图像与修饰图像的方法，通过本章的学习使读者掌握并熟练应用各种绘制和修饰工具，了解它们的特性，掌握各个工具的使用方法，创作出极富魅力的作品。

本章重点

- 掌握画笔工具组的应用。
- 掌握画笔面板的使用方法。
- 掌握各种修饰工具的功能与使用方法。
- 掌握各种修复工具的功能与使用方法。

习题5

一、选择题

1. 在绘制像素画的过程中，下列哪个工具是最适合使用的（　　）。
　　A．铅笔　　　　　　B．画笔　　　　　　C．喷枪　　　　　　D．像素
2. 下列关于仿制图章工具的工具选项栏中"用于所有图层"选项说法正确的是（　　）。
　　A．使用"用于所有图层"选项，可以在本图层复制其他可见图层的内容

  B．使用"用于所有图层"选项，可以在本图层复制其他任意图层的内容（包括不可见图层）

  C．使用"用于所有图层"选项，可以在本图层复制其他 Photoshop 图像窗口中的可见内容

  D．使用"用于所有图层"选项，可以在任何可见和不可见图层上复制当前图层的内容

3．修复图像时需要取样的命令有（　　　）。

  A．污点修复画笔工具　　　　　　　B．修复画笔工具

  C．修补工具　　　　　　　　　　　　D．仿制图章工具

二、填空题

1．执行"窗口→画笔"命令或按快捷键_____即可调出画笔面板。

2．_____可以绘制出逼真的手绘效果，是较为专业的绘画工具。

3．_____主要用来调整图像的细节部分，可使图像的局部色彩饱和度增加或降低。

第 6 章

Photoshop CC 的色彩调整

内容导读

　　色彩在图像中是很重要的内容，正确运用色彩能使黯淡的图像明亮绚丽，使毫无特色的图像充满活力。在 Photoshop 中，如何快速方便地控制、调整图像的色彩和色调包括了许多内容，例如色阶、曲线、色相/饱和度等等。只有有效地掌控这些命令，才能制作和修饰出高品质的图像。本章将详细介绍 Photoshop CC 的色彩调整，同时通过相关知识的实例来更熟练地掌握各种色彩调整命令的使用方法。

6.1　美化照片

6.1.1　案例综述

　　拍摄出一张完美的照片，一方面需要好的相机和镜头，还需要高超的拍摄技巧，而且适宜的天气环境也是必不可少的，而这些对于普通摄影者来讲是难以把握的，所以拍摄出来的照片总是留有遗憾。这时就可以借助 Photoshop 的色彩处理命令来进行后期处理，达到理想的摄影效果。本案例就是应用 Photoshop 色彩调整命令对照片进行的调整。如图 6-1 所示。

图 6-1　调整照片色彩效果图

6.1.2　案例分析

　　在制作过程中，本案例主要应用到了以下工具和制作方法：

（1）调整图层的使用。

（2）各种调整色彩命令的使用。

（3）调整图像色彩时与蒙版的综合使用。

6.1.3　实现步骤

（1）打开素材所提供的文档"威尼斯.jpg"，图片
内容拍摄得虽然不错，构图也很好，但是整张照片的
层次感不够分明，色彩不够饱满，没有十分惊艳的感
觉。如图 6-2 所示。

图 6-2　原图

（2）添加调整图层，执行"色阶"命令，将灰色滑块移动至 0.9。如图 6-3 所示。

图 6-3　调整色阶

（3）再次添加调整图层，执行"亮度→对比度"命令，将亮度调整为 5，对比度调整为 10。
如图 6-4 所示。

（4）同样再执行"色相→饱和度"命令，设置饱和度为 35。如图 6-5 所示。

图 6-4　调整亮度/对比度

图 6-5　调整色相/饱和度

（5）最后再执行"色彩平衡"命令，选择"中间调"，勾选"保留明度"复选框，设置色彩值青色、洋红、黄色为-100、-20、+70。如图 6-6 所示。

图 6-6　调整色彩平衡

（6）由于画面整体都被调至蓝色调，所以在色彩平衡的蒙版上，用黑色将两边的楼房和街道等遮盖住，只调整天和水的部分。如图 6-7 所示。

图 6-7　调整后的效果

6.2　调整图层

调整图层是调整图像的一种方法，它能做到无损编辑。如果使用"图像→调整"菜单中的调色命令来调图，每一次调色图像的原始信息都会有一定的损失。而且色彩信息在进行调整以后，无法再准确地复原，因为第二次复原的操作是基于在改变后的图像上的，所以原始图像中已经丢失的细节就无法找回了。

使用调整图层则可以很好地解决这个问题，它能对图像进行调整的同时，还能保存图像原有的信息，并且多个色彩调整层可以综合产生调整效果，彼此间又可以独立修改。

"调整图层"按钮 ◐ 在图层面板下方，点击该按钮，在出现的菜单中选择任意一个调整图层命令，就可以建立一个链接有图层蒙版的调整图层，并打开调整图层的"属性"面板。如图 6-8 所示。

调整图层"属性"面板的具体使用方法如下。如图 6-9 所示。

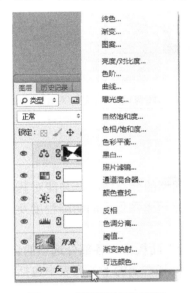

图 6-8　"调整图层"面板

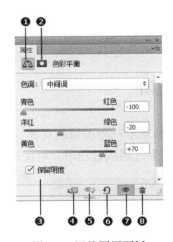

图 6-9　调整图层面板

① 调整命令标志：不同的命令对应着不同的标志。

② 蒙版：点击蒙版标志，可以打开"蒙版"属性，调整蒙版的浓度和羽化程度。

③ 调整命令参数区：不同的命令对应着不同的参数，可以进行编辑修改。

④ 此调整影响下面的所有图层 ▣：默认情况下，新建的调整图层会影响下面的所有图层。如果单击该按钮，则以后创建的任何调整图层，都会自动与其下面的图层创建为剪贴蒙版组，使该调整图层只影响它下面的一个图层。

⑤ 按此按钮可查看上一状态 ◉：当调整参数以后，可通过单击该按钮在窗口中查看图像的上一个调整状态，以便比较前后效果。

⑥ 复位到调整默认值 ↺：单击该按钮，可以将调整参数恢复为默认值。

⑦ 切换图层可见性 ◉：单击该按钮，可以显示或隐藏此调整图层。

⑧ 删除此调整图层 🗑：单击该按钮，可以删除当前调整图层。

6.3 调整图像色调

6.3.1 亮度/对比度

"亮度/对比度"命令能简单直观地对图像进行亮度和对比度的粗略调整，它不能对单一的通道进行调整。如图 6-10 所示。

在"亮度/对比度"面板中，可以通过拖动滑块或者输入数值，来调整图像的亮度和对比度，其取值范围在-100~+100 之间。图像调整前后的效果如图 6-11 所示。

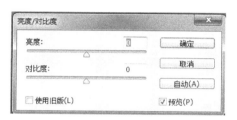

图 6-10　亮度/对比度面板

图 6-11　图像调整"亮度/对比度"后的对比

6.3.2 色阶

"色阶"能够表示一幅图像的高光、暗调和中间调的分布情况，并能对其进行调整。当一幅图像的明暗效果过黑或过白时，可使用"色阶"来调整图像中的明暗程度及反差。如图 6-12 所示。

在"色阶"面板中，各部分选项的含义如下。

① 通道：其右侧的下拉列表中包括了图像所使用的所有色彩模式，以及各种原色通道。在通道中所做的选择将直接影响到该对话框中的其他选项。

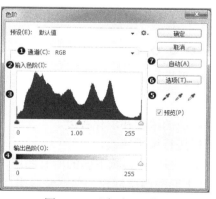

图 6-12　"色阶"面板

② 输入色阶：用来指定选定图像的最暗处（左边的框）、中间色调（中间的框）、最亮处（右边的框）的数值，改变数值将直接影响着色调分布图三个滑块的位置。

③ 色调分布图：用来显示图像中明、暗色调的分布示意图。在"通道"中选择的颜色通道不同，其分布图的显示也不同。

④ 输出色阶：对两个数字框中进行数值输入，可以限定图像的亮度范围，取值范围为 0～255。

⑤ 吸管工具：三个吸管工具，由左至右依次是"设置黑场"工具、"设置灰场"工具、"设置白场"工具。单击鼠标左键，可以在图像中以取样点作为修改后图像的最亮点、灰平衡

点和最暗点。

　　⑥ 选项：单击该按钮可打开"自动颜色校正选项"对话框。

　　⑦ 自动：单击该按钮，将自动对图像的色阶进行调整。

　　图像调整前后的效果如图 6-13 所示。

图 6-13　图像调整"色阶"后的对比

6.3.3　曲线

　　"曲线"命令是用来调整图像的色彩范围的，和"色阶"命令相似。不同的是"色阶"命令只能调整亮部、暗部和中间色调，而"曲线"命令除此之外还可以调整灰阶曲线中的任何一个点。如图 6-14 所示。

　　在"曲线"面板中，水平轴代表调整前的亮度值，垂直轴向代表调整后的亮度值。移动鼠标到曲线图上，该对话框中的"输入"值和"输出"值会随之发生变化。单击图中的曲线上的任一位置，会出现一个控制点，拖曳该控制点可以改变图像的色调范围。单击上方的曲线工具 ⌇，可以在图中直接绘制曲线，点击铅笔工具 ✐ 可以在曲线图中绘制自由形状的曲线。曲线上不需要的点可直接拖出矩形框删除。

　　图像调整前后的效果如图 6-15 所示。

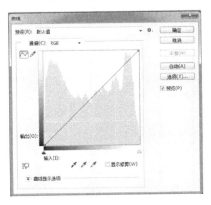　　

　　图 6-14　"曲线"面板　　　　　　图 6-15　图像调整"曲线"后的对比

6.4 调整图像的色彩

6.4.1 自然饱和度

使用"自然饱和度"命令，可以使图像颜色的饱和度不会溢出，只去调整哪些与已饱和颜色相比不饱和的颜色，能够获得比较柔和自然的饱和效果。如图 6-16 所示。

图 6-16 "自然饱和度"面板

图像调整前后的效果如图 6-17 所示。

图 6-17 图像调整"自然饱和度"+80 和"饱和度"+80 之后的对比

6.4.2 色相/饱和度

"色相/饱和度"不但可以调整全图的色相、饱和度和明度，还可以分别调整图像中不同颜色的色相、饱和度和明度，或使图像成为一副单色调图形。如图 6-18 所示。

图 6-18 "色相/饱和度"面板

在"色相/饱和度"面板中，各部分选项的含义如下。

① 预设：包含软件预设好的一些色相/饱和度的调整值，可以直接选取使用。

② 编辑：下拉列表包括红色、绿色、蓝色、青色、洋红和黄色 6 种颜色，可选择一种颜色单独调整，也可以选择"全图"选项，对图像中的所有颜色整体调整。

③ 色相：拖动滑块或在数值框中输入数值可以调整图像的色相。

④ 饱和度：拖动滑块或在数值框中输入数值可以增大或减小图像的饱和度。

⑤ 明度：拖动滑块或在数值框中输入数值可以调整图像的明度。

⑥ 吸管工具：该工具可以在图像中吸取颜色，从而达到精确调节颜色的目的。"添加到取样"工具可以在现在被调节颜色的基础上，增加被调节的颜色。"从取样中减去"工具可以在现在被调节颜色的基础上，减少被调节的颜色。

⑦ 着色：选中后，可以对图像添加不同程度的灰色或单色，把彩色图像转为单一色彩的图像。

⑧ 颜色条：在分色的状态下，上面的颜色条表示调整前的色彩，下面的颜色条表示调整后的色彩。深灰色的部分表示被修改的颜色区域，浅灰色的部分表示被调整颜色的衰减范围。

图像调整前后的效果如图 6-19 所示。

图 6-19　图像调整"色相/饱和度"后的对比

6.4.3　色彩平衡

"色彩平衡"命令可以控制图像颜色的分布，并混合各色彩，使其达到平衡，若图像有明显的偏色，可以用该命令来纠正。如图 6-20 所示。

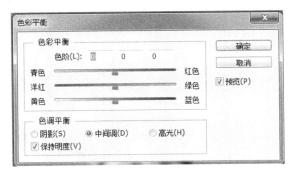

图 6-20　色彩平衡面板

图中三个滑块，用来控制各主要色彩的变化；三个单选按钮，可以选择"暗调"、"中间色调"和"高光"来对图像的不同部分进行调整；选择"保持亮度"，图像像素的亮度值不变，只有颜色值发生变化。

图像调整前后的效果如图 6-21 所示。

图 6-21　图像调整"色彩平衡"后的对比

6.4.4　黑白

使用"黑白"命令，可以将图像处理为灰度图像效果，也可以选择一种颜色，将图像处理成为单一色彩的图像。如图 6-22 所示。

在"黑白"面板中，各部分选项的含义如下。

① 预设：包含软件预设好的多种图像处理方案，可以直接把图像处理成为不同程度的灰度效果。

② 颜色设置：分别拖动每种颜色的滑块，即可对原图像中对应色彩的部分进行灰度处理。

③ 色调：勾选该复选框后，对话框底部的两个色条及右侧的色块将被激活，调整出要叠加到图像上的颜色，即可完成对图像的着色。

图像调整前后的效果如图 6-23 所示。

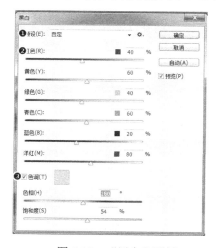

图 6-22　"黑白"面板　　　　　　　　图 6-23　图像调整"黑白"后的对比

6.4.5　照片滤镜

"照片滤镜"命令类似于传统摄影中滤光镜的功能，即模拟在相机镜头前加上彩色滤光镜，从而使胶片产生特定的曝光效果。照片滤镜可以有效地对图像的颜色进行过滤，使图像产生不同颜色的偏色效果。如图 6-24 所示。

在"照片滤镜"面板中，各部分选项的含义如下。

① 滤镜：可以在下拉列表中选取滤镜的效果。

② 颜色：点击该色块，在弹出的拾色器中，根据画面的需要选择滤镜颜色。

③ 浓度：拖动滑块以便调整应用于图像的颜色数量，数值越大，应用的颜色调整越大。

④ 保留明度：在调整颜色的同时保持原图像的亮度。

图像调整前后的效果如图 6-25 所示。

图 6-24　"照片滤镜"面板　　　　图 6-25　图像调整"照片滤镜"后的对比

6.5　其他调整命令

6.5.1　反相

使用"反相"命令可以制作类似照片底片的效果，它可以对图像颜色进行反转，将黑色变为白色；或者进行颜色的互补，把一副彩色的图像的每一种颜色都反转成它的互补色。将图像反转时，通道中每个像素的亮度值都会被转换成 256 级颜色刻度上相反的值。例如，图像中亮度值为 255 的像素会变成亮度值为 0 的像素，亮度值 55 的像素就会变成亮度值为 200 的像素。如图 6-26 所示。

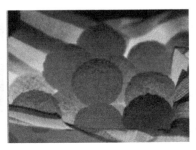

图 6-26　图像调整"反相"后的对比

图形图像处理（Photoshop CC + Illustrator CC）

6.5.2　色调分离

使用"色调分离"命令可以定义图像色阶的多少，并按照色阶多少，将图像的像素映射为最接近的颜色，减少并分离图像的颜色。如图 6-27 所示。

"色阶"数值框中的数值确定了颜色的色调等级，数值越大，颜色过渡越细腻；数值越小，图像的色块效果越明显。

图像调整前后的效果如图 6-28 所示。

图 6-27　"色调分离"面板　　　　　　　　图 6-28　图像调整"色调分离"后的对比

6.5.3　阈值

使用"阈值"命令，可以将一副灰度或彩色图像转换为高对比度的黑白图像，常用来制作黑白风格的图像效果。如图 6-29 所示。

"色阶"数值框中的数值确定了颜色的色调等级，数值越大，颜色过渡越细腻；数值越小，图像的色块效果越明显。

图像调整前后的效果如图 6-30 所示。

图 6-29　阈值面板　　　　　　　　图 6-30　图像调整"阈值"后的对比

108

6.5.4　渐变映射

"渐变映射"命令用来将图像中相等的灰度范围映射到所设定的渐变填充色中。实质上是首先将图像转化为黑白图像，然后使用渐变映射在上面。默认情况下，图像的暗调、中间调和高光分别映射到渐变填充的起始颜色、中间颜色和结束颜色。如图 6-31 所示。

图像调整前后的效果如图 6-32 所示。

图 6-31　"渐变映射"面板　　　　　图 6-32　图像调整"渐变映射"后的对比

6.6　实战演练

1．实战效果

LOMO 风格摄影是现在一种具有随意自然的潮流感的创作方式，具有非常明显的特色。这类相片通常是中间亮，四角暗，颜色明显偏黄、偏绿，成像不实，有明显的粗糙颗粒感。本案例就是把一张普通的人物照片，修饰成具有 LOMO 风格的效果。如图 6-33 所示。

2．制作要求

（1）熟练应用调整图层的制作方法。
（2）熟练掌握各种调整色彩的方式。

3．操作提示

（1）打开素材所提供的文档"背影.jpg"。在新的调整图层里，使用颜色填充，填充纯色 #0c0056，并将图层的混合模式改为"排除"，使图像偏绿一些。如图 6-34 所示。

图 6-33　LOMO 照片效果　　　　　图 6-34　填充纯色

（2）添加新的调整图层"曲线"，将图像整体调亮，色调调至偏黄。如图 6-35 所示。

图 6-35　使用"曲线"调整图像

（3）打开"色阶"面板，使图像变得明亮通透一些。如图 6-36 所示。

图 6-36　使用"色阶"调整图像

（4）打开素材所提供的文档"天空.jpg"。使用套索工具，将羽化值调到 20 像素，在画面上勾选出文字部分，复制到"背影"文档中。如图 6-37 所示。

（5）将图层的混合模式更改为"叠加"。如图 6-38 所示。

（6）添加新的调整图层"渐变"，应用从黑色到透明的径向渐变，模拟 LOMO 照片的暗角特征。如图 6-39 所示。

（7）按"Shift+Ctrl+Alt+E"组合键，使用"盖印"命令，生成一个新的图层。将此图层转换为"智能对象"后，执行"滤镜→滤镜库→纹理→颗粒"命令，增强照片的颗粒感。如图 6-40 所示。

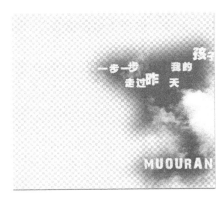

图 6-37　复制图像

图 6-38　更改图层混合模式

图 6-39　添加径向渐变

图 6-40　添加纹理滤镜

（8）对此图层继续执行"滤镜→渲染→镜头光晕"命令，选择"电影镜头"，亮度为 100，如图 6-41 所示。

（9）添加新的调整图层"色相/饱和度"，增加明度和饱和度，突出 LOMO 的特征，如图 6-42 所示。

图 6-41　添加镜头光晕滤镜

图 6-42　使用"色相/饱和度"调整图像

6.7　本章小结与重点回顾

本章主要介绍了在 Photoshop CC 中如何对图像的色彩和色调进行编辑和调整，有比较简单的色相/饱和度、色彩平衡、阈值、渐变映射等，还有比较复杂的色阶、曲线等。只有掌握了这些命令的使用方法，了解它们的特性，才能轻松地调整图像，把普通的照片变得更具特色。

本章重点

- 了解调整图层的概念
- 掌握调整图层的基本操作方法
- 熟悉色彩调整命令的类型与特征
- 学会利用不同的色彩调整命令修饰图像

 习题 6

一、选择题

1．RGB 图像在转成 CMYK 模式后会失去图像原有的鲜艳度，使用下列哪种方法可以令图像恢复鲜艳度（　　　）。

A．图像→调整→色相/饱和度　　　　B．图像→调整→色阶

C．图像→调整→曲线　　　　　　　　D．图像→调整→亮度/对比度

2．下面哪些特性是调整图层所具有的（　　　）。

  A．调整图层可用来对图像进行色彩编辑，却不会改变图像原始的色彩信息，并可随时将其删除

  B．调整图层除了具有调整色彩的功能之外，还可以通过调整不透明度、选择不同的图层混合模式以及修改图层蒙版来达到特殊的效果

  C．调整图层不能执行"创建剪贴蒙版"命令

  D．选择任何一个"图像→调整"菜单中的色彩调整命令都可以生成一个新的调整图层

二、填空题

1．调整图层在对图像进行调整的同时，还能保存图像原有的信息，是一种＿＿＿＿＿＿编辑图像的方法。

2．＿＿＿＿＿＿命令是用来调整图像的色彩范围的，和"色阶"命令相似。

3．使用＿＿＿＿＿＿命令，可以使图像颜色的饱和度不会溢出，获得比较柔和的饱和效果。

4．"色相/饱和度"命令不但可以调整图像的色相、饱和度和明度，还可以使图像成为一副＿＿＿＿＿＿图形。

第 7 章

Photoshop CC 的通道与蒙版

内容导读

在 Photoshop 中，通道和蒙版是两个非常重要的功能。通道不仅能保存图像的颜色信息，而且还是保存选区的重要方式；利用蒙版可以制作出高品质的图像合成。想要学好 Photoshop 的高级应用，就必须了解和掌握通道和蒙版工具。本章将详细介绍 Photoshop CC 的通道与蒙版，同时通过相关知识的实例来更熟练地掌握通道与蒙版的应用技巧。

7.1 摄影写真制作

7.1.1 案例综述

本案例为在一个人物摄影的基础上进行特殊形式的制作，达到摄影所不能企及的效果。在这个案例中，利用了通道对选区实施滤镜，使用蒙版进行图像的选取。如图 7-1 所示。

图 7-1 人物写真制作

7.1.2 案例分析

在制作过程中，本案例主要应用到了以下工具和制作方法：

（1）通道的建立。

（2）通道与选区之间的转换。

（3）在通道上使用滤镜。

（4）使用蒙版选取图像。

7.1.3 实现步骤

（1）打开素材所提供的文档"人物.jpg"，使用套索工具选出人物的背景，执行"选择→反向"命令，将选区反选中人物。如图 7-2 所示。

（2）将选区羽化 60 像素，扩展 50 像素。如图 7-3 所示。

图 7-2　选取人物　　　　　　　　　　　图 7-3　修改选区

（3）保持选区，打开"通道"面板，选择"将选区存储为通道"按钮，新建一个 Alpha1 通道。如图 7-4 所示。

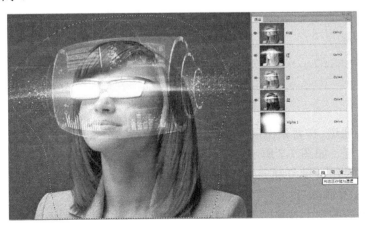

图 7-4　将选区存储为通道

（4）在 Alpha1 通道上，执行"滤镜→像素化→彩色半调"命令，设置最大半径为 10。如图 7-5 所示。

图 7-5　在通道上执行彩色半调滤镜

（5）按住"Ctrl"键并点击 Alpha 通道上的缩览图，或点击"将通道作为选区载入"按钮，选中图上的白色部分。如图 7-6 所示。

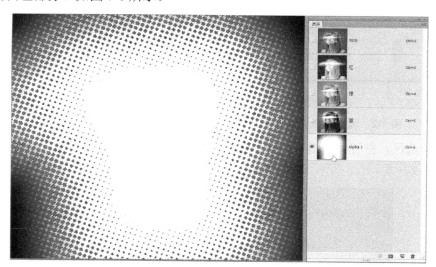

图 7-6　将通道作为选区载入

（6）返回 RGB 通道，在背景图层中复制选区部分，粘贴至素材所提供的文档"人物背景.jpg"中，调整大小和位置。如图 7-7 所示。

（7）按"Ctrl+J"组合键复制一个新的人物图层，并将下方的人物图层的混合模式改为"实色混合"。如图 7-8 所示。

（8）在新复制的图层上按住"Alt"键的同时，点击图层下方的添加蒙版按钮，给图层添加一个黑色的蒙版。如图 7-9 所示。

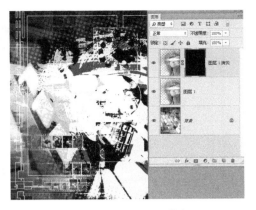

图 7-7　合成人物与背景　　　图 7-8　制作图层混合　　　　图 7-9　添加图层蒙版

（9）用画笔工具使用白色在人物部分描绘，通过画笔不透明度的调整，把人物的脸与身体逐渐显示出来。如图 7-10 所示。

（10）加入直排文字，并添加图层样式的投影效果。如图 7-11 所示。

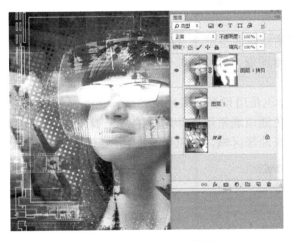

图 7-10　调整人物蒙版　　　　　　　图 7-11　文字合成

7.2　通道

在 Photoshop 软件中，通道的作用是举足轻重的。通道主要用来保存图像的色彩信息，还可以保存图像信息以及保存选区。可以通过对不同的颜色通道进行明暗度、对比度的调整，甚至执行滤镜功能，从而产生特殊的效果。一般情况下，只有 PSD、PDF、PICT、TIFF 和 RAW 格式存储文件时，才能保留 Alpha 通道。通道的数量及通道中的像素信息影响着文件的大小。

7.2.1　通道类型

每个 Photoshop 图像都具有一个或多个通道，图像的色彩模式不同，所拥有的通道也不同。通道可以分为 3 种类型。如图 7-12 所示。

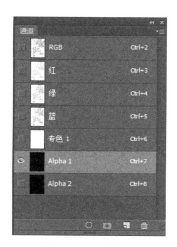

图 7-12   通道类型

（1）颜色通道：用来保存图像的色彩数据，包括一个总通道和几个单独的颜色通道。例如，RGB 模式的图像共有 3 个颜色通道，分别用于保存红色、绿色、蓝色的信息，还有一个 RGB 总通道。

（2）Alpha 通道：在"通道"面板上，普通的新建通道都是 Alpha 通道。它可以把图像上的选区作为蒙版保存在 Alpha 通道中，储存为灰度图像，以便能够使用画笔、滤镜等工具对其进行编辑和修改。

（3）专色通道：专色通道用来出版印刷专色。专色是用预混油墨来代替或补充印刷色 CMYK 的一种特殊的油墨，以产生更好的印刷效果。专色通道通常用于印刷中的烫金银、过 UV 等特殊工艺。专色通道与颜色通道正好相反，黑色代表油墨区域，白色代表非油墨区域。专色通道会自动排列于 Alpha 通道之前。

7.2.2   通道面板

"通道"面板用于创建并管理通道，许多操作都集中在面板中进行。如图 7-13 所示。

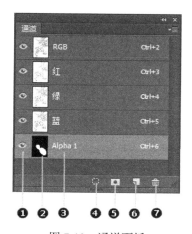

图 7-13   通道面板

① 显示或隐藏当前通道。

② 通道缩览图用于预览通道中的内容。

③ 通道名称及快捷键

④ 将通道作为选区载入，可以把通道中的内容改为选区。

⑤ 将选区存储为通道，可以把选区转换为蒙版，保存到通道中。

⑥ 新建一个 Alpha 通道，按住"Ctrl"键可新建一个专色通道；按住"Alt"键会出现新建通道的选项。

⑦ 删除任意通道。

7.2.3　通道的分离与合并

在编辑完图像时，有时需要将图像文件的各通道分开使其成为独立的文件，以便更好地编辑。编辑完成后又需要将分离后的通道合并，以便进行更好的管理。这时，可以使用"分离通道"和"合并通道"命令。

当图像只有背景图层时，"分离通道"命令才可以被激活，将组合通道分离为独立的灰度文件并关闭源文件。分离后的图像以单独的窗口显示在屏幕上，标题上显示的文件名由原文件名称和当前通道的英文缩写构成。如图 7-14 所示。

图 7-14　分离通道

使用"合并通道"可以将分离后的灰度文件重新合并为一个彩色图像。只要是相同像素尺寸并且处于打开状态的灰度模式图像，Photoshop 会根据指定的模式和通道数量来合并通道。如图 7-15 所示。

合并通道时，不仅可以合并同一文件的灰度图像，也可以混合不同文件的灰度图像，但是其像素尺寸必须相同。合并后的彩色图像会因为通道组合的不同，而产生新奇的变化。如图 7-16 所示。

图 7-15 合并通道

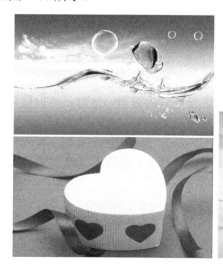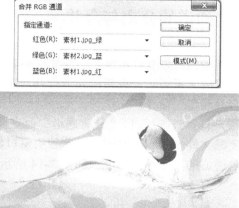

图 7-16 合并不同图像的通道

7.3 蒙版

蒙版是覆盖在图像上，用于遮挡图像的一种东西。它可以保护被遮挡区域，只允许对遮挡之外的区域进行修改。凡是被涂抹成白色的区域，就能够显示下方的图像；凡是被涂抹成黑色的地方，则会遮挡住当前图层中的图像；蒙版中的灰色则使图像呈现出一定程度的透明。蒙版与选区的功能很接近，两者之间可以进行相互转换。

在 Photoshop 中，蒙版分为快速蒙版、图层蒙版和剪贴蒙版 3 种。

7.3.1 快速蒙版

快速蒙版是一种临时蒙版，利用快速蒙版可以迅速地将选取范围转换为蒙版，对蒙版进行处理后，可以将其转换为一个精确的选取范围。创建快速蒙版的方法如下。

使用任意一个选区工具创建一个选区，在工具箱中单击"以快速蒙版模式编辑"按钮 ，这时，选区以外的部分会被透明的红色蒙版遮蔽。创建快速蒙版后，"通道"面板中会自动添加一个"快速蒙版"通道，编辑完成后单击工具箱中的"以标准模式编辑"按钮 切换到标准模式，"通道"面板中的快速蒙版就会消失，未被蒙版遮盖的部分转化为选区。如图 7-17 所示。

图 7-17　利用快速蒙版得到选区

7.3.2　图层蒙版

图层蒙版是创建图像合成效果最主要的工具。它的最大好处是图层蒙版只隐藏图像，而不会删除图像。因此，使用蒙版是一种非破坏性的编辑方式，便于反复对图像进行修改。

创建蒙版后，在图像的缩览图后面链接有蒙版的缩览图，如需编辑图像，应在图像缩览图上单击；如需编辑蒙版，就要点击蒙版的缩览图。如图 7-18 所示。

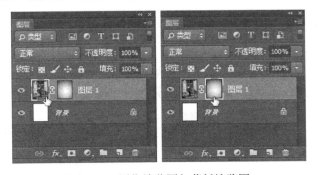

图 7-18　图像缩览图与蒙版缩览图

在这两个缩览图之间有一个图标，它将图像与蒙版链接在一起，如果要单独移动、旋转、缩放图像而不想影响蒙版，或者编辑蒙版而不影响图像，可单击该图标取消链接，再进行相应的单独操作。如图 7-19 所示。

按住 Shift 键单击蒙版缩览图可暂时停用蒙版，蒙版上会出现一个红色的叉，这时可以观察完整的图像；按住 Shift 键再次单击蒙版缩览图，即可恢复蒙版显示。如图 7-20 所示。

蒙版是一种灰度图像，它会占用一定的存储空间，因此删除一些蒙版可以减小图像大小。将蒙版拖动到"图层"面板底部的按钮上，在弹出的对话框中可以选择删除方式，"应用"表示删除蒙版以及被它遮盖的图像；"删除"表示只删除蒙版，恢复图像。如图 7-21 所示。

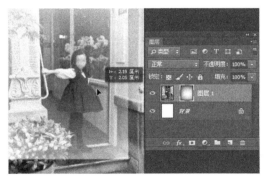

图 7-19　取消蒙版链接　　　　　　　　　　　　图 7-20　停用蒙版

图 7-21　删除蒙版

7.3.3　剪贴蒙版

剪贴蒙版也是一种用来隐藏图像的一种蒙版，它的最大特点是可以通过一个图层来控制位于它上方的多个图层的显示区域，而图层蒙版只对一个图层有效。如图 7-22 所示。

图 7-22　剪贴蒙版与图层蒙版的区别

在剪贴蒙版组中，最下面的图层叫做"基底图层"，在名称下带有下划线；位于它上面的图层叫做"内容图层"，它们的缩览图是缩进去的，并且都有箭头图标指向"基底图层"。"基底图层"只能有一个，而"内容图层"可以有许多个。"基底图层"中的透明区域充当了整个剪贴蒙版组的蒙版，可以将内容图层中的图像隐藏起来。

7.4　实战演练

1．实战效果

制作人物写真特效图，效果如图 7-23 所示。

图 7-23　人物写真特效图

2．制作要求

（1）熟练掌握图层蒙版的制作方法。

（2）熟练掌握剪贴蒙版的制作方法。

3．操作提示

（1）打开素材所提供的文档"剪贴背景.jpg"和"girl.jpg"，把人物图拖入到"剪贴背景"文档中，成为"图层 1"。新建"图层 2"，将"图层 2"拖至背景图层和"图层 1"之间。如图 7-24 所示。

（2）选中"图层 1"，单击右键执行"创建剪贴蒙版"命令。如图 7-25 所示。

图 7-24　新建图层　　　　　　　　　　　图 7-25　创建人物图层的剪贴蒙版

（3）在"图层 2"上用"多边形套索"工具上画出所需范围。如图 7-26 所示。

（4）执行"选择→修改→羽化"命令，羽化半径为 15 像素，用"画笔"工具在选区内用红色涂抹，露出人物。如图 7-27 所示。

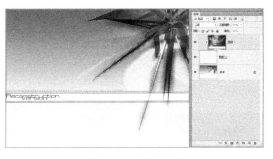

图 7-26　制作选区　　　　　　　　　　　　图 7-27　制作剪贴蒙版

（5）在"图层 2"上用"横排文字蒙版"工具写"COVER GIRL"，文字大小为 140 点，也涂抹上红色。如图 7-28 所示。

（6）调整蒙版图层"图层 2"和内容图层"图层 1"的位置。如图 7-29 所示。

图 7-28　底图效果　　　　　　　　　　　　图 7-29　调整蒙版图层和内容图层

（7）为了使人物图层色彩与背景图层色彩相协调，创建新的调整图层，选择"色彩平衡"，调整人物色彩。点击"此调整剪贴到此图层"　按钮，将色彩平衡效果只应用到人物图层上。如图 7-30 所示。

（8）用画笔在"色彩平衡 1"图层的蒙版上，用黑色涂抹眼睑和嘴唇，露出原图像的黄色调。如图 7-31 所示。

图 7-30　创建调整图层　　　　　　　　　　图 7-31　修改色彩平衡蒙版

（9）打开素材所提供的文档"剪贴蝴蝶.jpg"，将图置入到本文档中，右击，选择"创建剪贴蒙版"。如图 7-32 所示。

（10）给"蝴蝶"图层添加图层蒙版，只露出蝴蝶身体部分，遮挡住后面的树叶即可。如图 7-33 所示。

图 7-32　创建蝴蝶图层的剪贴蒙版　　　　图 7-33　创建蝴蝶图层的图层蒙版

7.5　本章小结与重点回顾

本章主要介绍了 Photoshop CC 中非常重要的通道与蒙版的应用，包括通道的类型、不同蒙版的特性和创建方式等。通过本章的学习使读者掌握 Photoshop CC 中通道和蒙版的使用方法，了解它们的特性，以便对其灵活运用，创作出设计感更加丰富的作品。

 本章重点

■　了解通道的类型
■　掌握通道的基本操作方法
■　熟悉蒙版的类型与特征
■　学会利用不同的蒙版制作复杂图像

 习题 7

一、选择题

1．下列哪些格式存储文件时能保留 Alpha 通道（　　　）。

　　A．TIFF　　　　　　B．PDF　　　　　　C．PICT　　　　　　D．RAW

2．通道可以分为哪几种类型（　　　）。

　　A．Alpha 通道　　　B．颜色通道　　　C．复合通道　　　D．专色通道

3．下面关于专色通道叙述正确的是（　　　）。

　　A．专色是一种特殊的预混油墨

　　B．专色是用来代替或补充印刷色 CMYK

C．专色通道中白色代表油墨区域，黑色代表非油墨区域。

    D．专色通道排列于 Alpha 通道之前。

二、填空题

1．通道不仅能保存图像的＿＿＿＿，而且还是保存＿＿＿＿的重要方式。

2．"合并通道"可以将分离后的＿＿＿＿文件重新合并为一个彩色图像。

3．在 Photoshop 中，蒙版分为＿＿＿＿、＿＿＿＿和＿＿＿＿3 种。

4．快速蒙版是一种＿＿＿＿蒙版。

5．图层蒙版的最大好处是只隐藏图像，而不会删除图像。因此，使用蒙版是一种＿＿＿＿的编辑方式，便于反复对图像进行修改。

第 8 章

Photoshop CC 的滤镜

内容导读

Photoshop 作为图像处理软件中的翘楚，其强大的图像处理功能大家一直有目共睹。它不仅能为图片创造出炫目的效果，更能对图像进行合成及移花接木，达到理想的境界。在 Photoshop CC 中，滤镜具有这种神奇的魔力，使图像呈现出令人赞叹不已的视觉效果，被频繁应用于平面设计、创意合成、图像处理等领域。本章将详细介绍这些滤镜的使用方法，同时通过相关知识的实例来快速掌握相关知识和操作技巧。

8.1　广告制作

8.1.1　案例综述

本案例为制作一幅广告招贴。效果如图 8-1 所示。

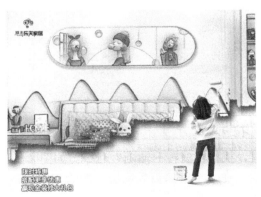

图 8-1　广告招贴效果

8.1.2　案例分析

在制作过程中，本案例主要应用到了以下制作方法：
（1）利用滤镜制作特殊纹理效果。
（2）利用滤镜库制作图像特效。
（3）利用图层样式添加阴影等效果。

8.1.3　实现步骤

（1）打开素材所提供的文档"家居广场底图.psd"，给"蓝油漆"图层添加图层样式的"投影"效果。如图 8-2 所示。

图 8-2　添加投影效果

（2）打开素材所提供的文档"全家.jpg"，置入"家居广场底图.psd"上，调整位置与大小，并执行"滤镜→转换为智能滤镜"命令，或直接在图层上右击，选择"转换为智能对象"命令。如图 8-3 所示。

（3）选中"全家"图层，右击，选择"创建剪贴蒙版"命令。如图 8-4 所示。

图 8-3　添加智能滤镜　　　　　　　　图 8-4　创建剪贴蒙版

（4）选中"全家"图层，执行"滤镜→油画"命令。如图 8-5 所示。

（5）复制"全家"图层，在"全家拷贝"图层上删除智能滤镜"油画"，执行"滤镜→风格化→查找边缘"命令。如图 8-6 所示。

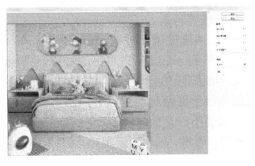

图 8-5　添加滤镜

图 8-6　在新图层上重置滤镜

（6）在"全家拷贝"图层，智能滤镜蒙版上，用透明度 35% 的黑色画笔，着重在人偶脸部和背景物体处描绘，露出下方图像。如图 8-7 所示。

（7）打开素材所提供的文档"标志.jpg"，置入到文档中，调整位置与大小，将图层混合模式更改为"深色"。如图 8-8 所示。

图 8-7　添加蒙版

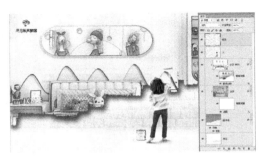

图 8-8　添加标志

（8）写入文字，并添加图层样式"外发光"。如图 8-9 所示。

（9）添加调整图层"色阶"，调整画面亮度。如图 8-10 所示。

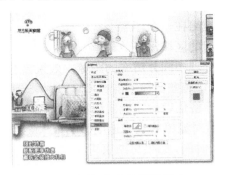

图 8-9　添加文字的图层样式

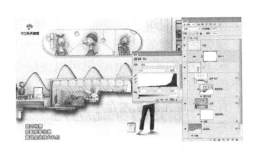

图 8-10　使用色阶调整画面亮度

8.2　滤镜概述

所谓滤镜是指以特定的方式修改图像文件像素特性的工具，就像摄影时使用的过滤镜头，能使图像产生特殊的效果。Photoshop 中的滤镜种类丰富，功能强大，在处理图像时使用滤镜效果，可以为图像加入各类纹理、变形、艺术风格和光线等特效。

Photoshop 滤镜基本可以分为三种类型：内置滤镜、内阙滤镜、外挂滤镜。

内置滤镜是指 Photoshop 缺省安装时，程序自动安装到 plug-ins 目录下的滤镜。内阙滤镜是指内阙于 Photoshop 程序内部的滤镜，这些滤镜是不能删除的，即使将 Photoshop 目录下的 plug-ins 目录删除，这些滤镜依然存在。外挂滤镜就是除上面两种滤镜以外，由第三方厂商为 Photoshop 所生产的滤镜。这类滤镜不仅数量繁多、功能不一，而且版本和种类还在不断升级和更新。外挂滤镜更侧重于直接表现具体效果，如火焰、雨雪、闪电、云雾等。例如，Metatools 公司开发 KPT 系列滤镜，Alien Skin 公司生产的 Eye Candy 滤镜、Xenofex 滤镜等，很多特效的制作方法非常直观简便、效果精彩，是图像设计的好助手。如图 8-11 所示。

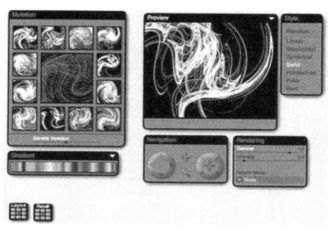

图 8-11　KPT 滤镜

在使用滤镜时要注意以下几个问题：

（1）滤镜会针对所选择的区域进行处理，如果没有选定区域，则对整个图像做处理；如果图像为多图层或多通道，则只对当前的层或通道起作用。

（2）滤镜可以反复使用，连续使用，但一次只能应用在一个图层上。

（3）滤镜只能应用于图层的有色区域，对完全透明的区域没有效果。

（4）滤镜的处理效果以像素为单位，相同的参数处理不同分辨率的图像，效果会有差异。

（5）在 RGB 的模式的图像里可以使用全部的滤镜，有些滤镜不能在 CMYK 模式下使用，滤镜也不能应用于位图模式、索引颜色，文字一定要栅格化以后才能使用滤镜。

（6）有些滤镜完全在内存中处理，所以内存的容量对滤镜的生成速度影响很大。当滤镜很复杂或是要应用滤镜的图像尺寸很大，执行时需要很长时间，如果想结束正在生成的滤镜效果，只需按 Esc 键退出即可。

（7）上一次使用的滤镜将出现在滤镜菜单的顶部，可以通过按"Ctrl+F"组合键对图像再次应用上次使用过的滤镜效果。

（8）如果在滤镜对话框中对自己调节的效果感觉不满意，希望恢复调节前的参数，可以按住 Alt 键，这时"取消"按钮会变为"复位"按钮，单击此按钮就可以将参数重置为调节前的状态。

（9）可以把普通滤镜转换为智能滤镜，这就像给图层添加样式一样，在图层面板，可以直接把智能滤镜删除，或者重新编辑这个滤镜的参数，还可以关掉滤镜效果前的眼睛图标来显示原图，所以可以非常方便地对滤镜进行重复修改。

　　Photoshop 滤镜的操作是比较简单的，只要在使用的时候注意应用的规则，并且和图层、蒙版、通道等综合起来使用，才能取得最佳的艺术效果。

8.3　滤镜库

　　"滤镜库"集成了 Photoshop 中的大部分滤镜，并加入了"滤镜层"的功能，此功能允许重叠或重复使用滤镜，从而使滤镜的应用变化更加丰富，所得到的效果也更加奇妙。选择"滤镜→滤镜库"命令，弹出"滤镜库"对话框。如图 8-12 所示。

图 8-12　"滤镜库"对话框

　　滤镜库对话框是由几个部分组成的，各部分应用介绍如下。

　　（1）图像预览区：可显示原图像效果以及预览添加滤镜后的效果。

　　（2）滤镜选择区："滤镜库"中共包含 6 组滤镜，单击滤镜组前的箭头，可以展开该滤镜组，单击滤镜缩览图即可使用该滤镜，右侧的参数设置区内也会显示该滤镜的参数选项。 为"显示/隐藏滤镜缩览图"按钮，单击该按钮可隐藏滤镜的缩览图，将空间留给图像预览区，再次单击则恢复显示滤镜缩览图。

　　（3）弹出式菜单：单击箭头，可在打开的下拉菜单中选择一个滤镜，这些滤镜是按照滤镜名称拼音的先后顺序排列的，如果想要使用某个滤镜，但不知道它在哪个滤镜组，便可以通过该下拉菜单进行选择。

　　（4）参数设置区：在参数设置区中可以设置当前滤镜的参数。

　　（5）新建滤镜图层 ：单击 按钮，可创建滤镜图层。新建的滤镜图层会自动应用上一个图层的滤镜，如果要修改当前图层的滤镜，只需单击其他滤镜即可。单击 按钮，可删除当前选择的滤镜效果图层。

　　（6）缩放区：可放大或缩小预览区图像的显示比例，也可按照实际像素、符合视图大小、按屏幕大小进行缩放。

8.4 自适应广角滤镜

使用"自适应广角"滤镜可以校正由于使用广角镜头而造成的镜头扭曲。滤镜可以检测相机和镜头型号，并使用镜头特性拉直图像。还可以添加多个约束，以指示图片不同部分中的直线，使用有关自适应广角滤镜的信息，移去扭曲。如图 8-13 所示。

图 8-13 "自适应广角"滤镜

滤镜库对话框是由几个部分组成的，各部分应用介绍如下。

（1）校正类型："鱼眼"用来校正由鱼眼镜头所引起的极度弯度；"透视"校正由视角和相机倾斜角所引起的会聚线。"自动"可以自动地检测合适的校正为滤镜指定其他设置。如果图像包含镜头数据，则会自动检测这些值，并且某些选项不会显示。"完整球面"用来校正 360 度全景图，但是全景图的长宽比必须为 1:2。

（2）缩放：图像缩放的比例大小。

（3）焦距：指定镜头的焦距。如果在照片中检测到镜头信息，则会自动填写此值。

（4）裁剪因子：指定参数值以确定如何裁剪最终图像。将此值与"缩放"配合使用，以补偿应用滤镜时周边产生的空白区域。

（5）原照设置：启用此选项以使用镜头配置文件中定义的值。如果没有找到镜头信息，则禁用此选项。

（6）约束工具：沿对象绘制直线，滤镜会自动检测弯曲线并加以校正。单击图像或拖动端点可添加或编辑约束，然后将线条拖过关键对象进行拉直。按"Shift"键单击可变成水平或垂直约束，按"Alt"键单击可删除约束。

（7）多边形约束工具：沿对象绘制多边形，滤镜会自动检测弯曲面并加以校正。单击图像或拖动端点可添加或编辑约束，单击初始起点可结束约束，按"Alt"键单击可删除约束。

使用"自适应广角"滤镜修正后的图像，如图 8-14 所示。

图 8-14　使用"自适应广角"滤镜效果

8.5　Camera Raw 滤镜

在 Photoshop CC 之前的版本里，只能先载入图像，再在 Camera Raw 里进行色彩调整，过程是不可逆的，调整完成后再由 Photoshop 打开，过程非常繁琐。现在，Photoshop CC 可以把 Camera Raw 作为一个滤镜使用，对智能图层添加"Camera Raw"滤镜调整后，若要修改只需要双击滤镜，就可以再次打开"Camera Raw"滤镜界面编辑参数，如图 8-15 所示。

图 8-15　"Camera Raw"滤镜

"Camera Raw"滤镜对话框的主要应用部分介绍如下。

（1）白平衡工具 ✐：设定图像中的"黑、白、灰"场，通过计算自动调整整个图像的色温与色调。

（2）颜色取样工具 ✐:用来比较图像上多个取样点的颜色。

（3）目标调整工具 ✐：通过"目标调整"工具，可以直接在图像上进行拖动校正 "曲线"、"饱和度"、"对比度"等。向上或向右拖动会增加值，向下或向左拖动会减少值。

（4）污点去除工具 ✐：直接在图像上点击需要修复的污点，通过内容识别填充自动填上和周围相适应的像素。

（5）红眼去除 ✐：去除照相时产生红眼现象，直接在所需修改处点击即可。

（6）调整画笔 ✐：调整画笔通过新建、添加、清除三个单选项，分别用于建立调整区、扩大或减小调整范围。调整项目有色温、色调、曝光、亮度、对比度、饱和度、锐化程度等。

（7）渐变滤镜 ▢：通过线性渐变的影响方式，控制图像调整的范围与程度。

（8）径向滤镜 ◯：通过径向渐变的影响方式，控制图像调整的范围与程度。

（9）直方图：直方图显示了图像上的像素分布情况，改变图片的色彩、对比度和亮度等参数后，系统将更新直方图。如图 8-16 所示。

（10）参数设置区：包含基本、色调曲线、细节、HSL/灰度、分离色调、镜头校正、效果、相机校准、预设选项卡，每一个选项卡中都囊括了诸多图像调整方面的参数，如图 8-17 所示。

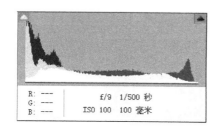

图 8-16 "Camera Raw"滤镜直方图　　　图 8-17 "Camera Raw"滤镜参数设置区

使用"Camera Raw"滤镜修正后的图像如图 8-18 所示。

图 8-18 "Camera Raw"滤镜使用效果

8.6　镜头校正滤镜

"镜头校正"滤镜可以轻松地校正图像的歪斜、桶状变形、枕状变形等情况，还可以对照片周边加以暗角和制作光晕等。如图 8-19 所示。

图 8-19　"镜头校正"滤镜

"镜头校正"滤镜对话框中部分工具介绍如下。

（1）移去扭曲工具 ：向中心拖动或拖离中心以校正失真。

（2）拉直工具 ：在图像的水平或垂直方向上画一条线，可以使图像保持水平或垂直。

（3）移动网格工具 ：拖动以移动对齐网格。

（4）参数设置区：包含自动校正、自定两个选项卡，通过对相机型号、镜头型号的自动配置，来调整几何扭曲、色差、晕影、变换等方面的参数。

图 8-20　"镜头校正"滤镜参数设置区

使用"镜头校正"滤镜修正后的图像如图 8-21 所示。

图 8-21　"镜头校正"滤镜使用效果

8.7　液化滤镜

"液化"滤镜是修饰图像和创建艺术效果的强大工具，它能够非常灵活地创建推、拉、扭曲、旋转、收缩等变形效果，经常用来修改人像的脸型和身材。如图 8-22 所示。

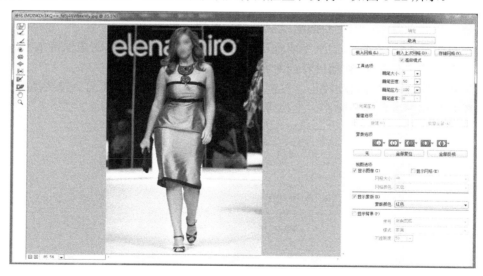

图 8-22　"液化"滤镜

"液化"滤镜对话框的主要应用部分介绍如下。

（1）向前变形工具 ：拖动鼠标时可以向前推动像素。

（2）重建工具 ：拖动鼠标时可将变形后的图像恢复为原来的效果。

（3）平滑工具 ：拖动鼠标时可将变形后的图像逐渐恢复为原来的效果。

（4）顺时针旋转扭曲工具 ：按住鼠标按键或拖动时可顺时针旋转像素，如果按住 Alt

键操作，则逆时针旋转像素。

（5）褶皱工具 ▒：按住鼠标按键或拖动时可以使像素向画笔区域的中心移动，图像会产生向内收缩的效果。

（6）膨胀工具 ◈：按住鼠标按键或拖动时可以使像素朝着离开画笔区域中心的方向移动，图像会产生向外膨胀的效果。

（7）左推工具 ▨：当垂直向上拖动该工具时，像素向左移动，如果向下拖动，则像素会向右移动。如果围绕对象顺时针拖动，则可以增加其大小，逆时针拖动可以减小其大小。在拖动时按住 Alt 键，可在垂直向上拖动时向右推像素，在向下拖动时向左移动像素。

（8）冻结蒙版工具 ▨：如果只需要对局部图像进行变形处理时，可以使用该工具在需要的区域上拖动鼠标，将这部分图像冻结，该区域内的图像便不会受到变形操作的影响。

（9）解冻蒙版工具 ▨：在冻结区域拖动鼠标即可解除冻结的图像。

（10）参数设置区：包含工具选项、重建选项、蒙版选项、视图选项四大类别，可以调整相应的参数。如图 8-23 所示。

使用"液化"滤镜后的图像，如图 8-24 所示。

图8-23　"液化"滤镜参数设置区

图8-24　"液化"滤镜效果

8.8　油画滤镜

通过"油画"滤镜可以轻松地把普通的图像转换为油画效果，还能表现出不同的绘画风格。"油画"滤镜对话框的操作介绍如下。

（1）描边样式：调节画笔笔触的大小。

（2）描边清洁度：调节画笔笔触的疏密。

（3）缩放：设置画纸纹理的大小。

（4）硬毛刷细节：设置硬毛刷画笔的粗糙度。

（5）角方向：设置光源的方向。

（6）闪亮：设置反射的闪亮。

使用"油画"滤镜后的图像，如图 8-25 所示。

图 8-25　"油画"滤镜效果

8.9　消失点滤镜

"消失点"滤镜是模拟现实生活中的透视原理，在包含透视平面的图像中进行透视校正编辑，滤镜会自动按照透视的角度和比例来自适应图像的修改。此滤镜可用于构建一种平面的空间模型，让平面变换更加精确，还用于消除多余图像、复杂几何贴图等。使用"消失点"滤镜时，首先要在图像中指定透视平面，然后再进行绘画、仿制、拷贝、粘贴以及变换等操作，所有的操作都采用该透视平面来处理。如图 8-26 所示。

图 8-26　"消失点"滤镜

"消失点"滤镜对话框的操作介绍如下。

（1）编辑平面工具：用来选择、编辑、移动平面的节点以及调整平面的大小。

（2）创建平面工具：用来定义透视平面的四个角节点。创建了四个角节点后，可以移动、缩放平面或重新确定其形状。在定义透视平面时，定界框和网格会改变颜色，以指明平面的当前情况。蓝色的定界框为有效平面，红色和黄色的定界框为无效平面。

（3）边框工具：在平面上单击并拖动鼠标可以选择图像。选择图像后，将光标移至选区内，按住"Alt"键拖动可以复制图像，按住"Ctrl"键拖动选区，则可以用源图像填充当前区域。

（4）图章工具：选择该工具后，按住"Alt"键在图像中单击设置取样点，然后在其他区域拖动鼠标即可复制图像，

（5）画笔工具：可在图像上绘制选定的颜色。

（6）变换工具 ：使用该工具时，可以通过移动定界框的控制点来缩放、旋转和移动选区，类似于在矩形选区上使用"自由变换"命令。

（7）吸管工具：可拾取图像中的颜色作为画笔工具的绘画颜色。

使用"消失点"滤镜后的图像，如图 8-27 所示。

图 8-27　"消失点"滤镜效果

8.10　其他常用滤镜

Photoshop CC 中，还有许多功能强大的滤镜，通过这些滤镜的综合使用，可以创建出丰富多彩的视觉效果。

Photoshop CC 其他常用滤镜效果介绍如下。

滤镜组名称	滤镜名称	应用描述	典型效果图例
风格化	查找边缘	能自动搜索像素对比度变化剧烈的边界，并为查找到的边缘轮廓描边，形成一个清晰的轮廓	
	等高线	可以查找主要亮度区域的转换，并淡淡地勾勒每个颜色通道，以获得主要亮度区域的轮廓	
	风	可在图像中增加一些细小的水平线来模拟风吹效果，风吹的方向包括向左吹和向右吹，如果要创建来自其他方向的风，可以先将图像旋转，然后再应用该滤镜	
	浮雕效果	可以将图像中颜色较亮的部分分离出来,再将周围的颜色降低，生成凸起或凹陷的浮雕效果	

续表

滤镜组名称	滤镜名称	应用描述	典型效果图例
风格化	扩散	可以将图像中相邻的像素按规定的方式有机移动，使图像扩散，形成一种透过磨砂玻璃观察对象的模糊效果	
	拼贴	会根据指定的值将图像分为块状，并使其偏离原来的位置，生成不规则的瓷砖效果，各砖块之间的空隙内容可以在"拼贴"对话框中设定	
	曝光过度	可以混合负片和正片图像，产生类似于显影过程中将摄影照片短暂曝光的效果	
	凸出	可以将图像分成一系列大小相同且有机重叠放置的立方体或锥体，能产生特殊的 3D 效果	
	照亮边缘	可以搜索图像中颜色变化较大的区域，标识颜色的边缘，并向其添加类似霓虹灯的光亮	
模糊	场景模糊	创建一个简单的全局模糊效果，并且可以进行多点控制	
	光圈模糊	模拟利用大光圈镜头拍摄的前景或背景虚化的效果，模糊范围为椭圆形	
	移轴模糊	模拟移轴镜头的虚化效果，来控制景深的范围，模糊范围为直线型	

续表

滤镜组名称	滤镜名称	应用描述	典型效果图例
模糊	表面模糊	能够在保留边缘的同时模糊图像，该滤镜可用来创建特殊效果并消除杂色或颗粒	
	动感模糊	可以沿指定的方向，以指定的强度模糊图像，产生具有运动速度感的效果	
	方框模糊	基于相邻像素的平均颜色值来模糊图像	
	高斯模糊	它根据高斯曲线对图像进行有选择的模糊	
	进一步模糊	可以在图像中有显著颜色变化的地方消除杂色，产生的效果要比"模糊"滤镜强 3 到 4 倍	
	径向模糊	可以模拟缩放或旋转的相机所产生的模糊，产生一种旋转或放射状的模糊效果	
	镜头模糊	可以向图像中添加模糊以产生更窄的景深效果	

滤镜组名称	滤镜名称	应用描述	典型效果图例
模糊	模糊	可以在图像中有显著颜色变化的地方消除杂色，可对边缘过于清晰、对比度过于强烈的区域进行光滑处理，能够产生轻微的模糊效果	
	平均	可以查找图像的平均颜色值，然后以该颜色填充图像，创建平滑的外观	
	特殊模糊	通过找出图像的边缘以及模糊边缘内的区域，从而产生一种边界清晰、中心模糊的效果	
	形状模糊	"形状模糊"滤镜可以使用指定的形状创建特殊的模糊效果	
扭曲	波浪	可以在图像上创建波状起伏的效果	
	波纹	使图像产生水波荡漾的涟漪效果	
	玻璃	可以制作细小的纹理，使图像看起来像是透过不同类型的玻璃来观看的	
	海洋波纹	可以将随机分隔的波纹添加到图像表面，它产生的波纹细小，边缘有较多抖动，图像看起来就像是在水下	

续表

滤镜组名称	滤镜名称	应用描述	典型效果图例
扭曲	极坐标	可以通过改变图像的坐标方式，使图像产生极端的变形，将图像从平面坐标转换到极坐标，或从极坐标转换到平面坐标	
	挤压	可以挤压图像，当挤压"数量"为正值时，图像向内凹陷；为负值时，图像向外凸出	
	扩散亮光	可以在图像中添加透明的白色杂色，并从图像中心向外渐隐亮光，创建一种光芒漫射的效果。该滤镜可以将照片处理为柔光照，亮光的颜色由背景色决定	
	切变	可以按照自己设定的曲线在竖直方向上扭曲图像	
	球面化	模拟将图像包裹在球上，并伸展来适应球面，产生的球面变化的效果	
	水波	模拟水池中的起伏波纹，在图像中产生类似于向水池中投入石子后水面的变化形态	
	旋转扭曲	可以使图像产生旋转的风轮效果，旋转会围绕图像中心进行，且中心旋转的程度比边缘大	
	置换	可以根据一张图片的亮度值将现有图像的像素重新排列并产生位移，在使用该滤镜前需要准备好一张用于置换的 PSD 格式的置换图	

图形图像处理（Photoshop CC + Illustrator CC）

滤镜组名称	滤镜名称	应用描述	典型效果图例
锐化	USM 锐化	可以查找图像中颜色发生显著变化的区域,然后将其锐化。"USM 锐化"滤镜提供了许多的选项,对于专业的色彩校正,可以使用该滤镜调整边缘细节的对比度	
	防抖	可以有效地降低由于相机抖动而产生的模糊	
	进一步锐化	比"锐化"滤镜的效果强烈些,相当于应用了 2~3 次"锐化"滤镜	
	锐化	通过增加像素间的对比度使图像变得清晰,该滤镜无对话框,锐化效果不是很明显	
	锐化边缘	只锐化图像的边缘,同时保留总体的平滑度	
	智能锐化	与"USM 锐化"滤镜比较相似,但它具有独特的锐化控制功能,通过该功能可设置锐化算法,或控制在阴影和高光区域中进行的锐化量	
逐行	NTSC 颜色	会将色域限制在电视机重现可接受的范围内,以防止过饱和的颜色渗到电视扫描行中,这样的话,Photoshop 中的图像便可以被电视接收	
	逐行	通过隔行扫描方式显示画面的电视,以及视频设备中捕捉的图像都会出现扫描线。"逐行"滤镜可以移去视频图像中的奇数或偶数隔行线,使在视频上捕捉的运动图像变得平滑	

续表

滤镜组名称	滤镜名称	应用描述	典型效果图例
像素化	彩块化	可以使图像上的纯色或相近颜色的像素结成彩色块	
	彩色半调	可以模拟在图像的每个通道上应用半调网屏的效果	
	点状化	可以将图像中的颜色分散为随机分布的网点,如同点状绘画效果,背景色将作为网点之间的画布区域	
	晶格化	可以使图像中相近的像素集中到多边形色块中,产生类似结晶的颗粒效果	
	马赛克	可以使像素统一合成为比较大的方块,再给块中的像素应用平均的颜色,创建马赛克效果	
	碎片	可以把图像的像素进行 4 次复制,再将它们平均,并使其相互偏移,使图像产生一种没有对准焦距的模糊效果	

续表

滤镜组名称	滤镜名称	应用描述	典型效果图例
像素化	铜板雕刻	可以在图像中随机生成各种不规则的直线、曲线和斑点，使图像产生年代久远的金属板效果	
渲染	分层云彩	可以将云彩数据和现有的像素混合，其方式与"差值"模式混合颜色的方式相同	
	光照效果	它可以在 RGB 图像上产生多种光照效果，还可以使用灰度文件的纹理产生类似 3D 的效果	
	镜头光晕	可以模拟亮光照射到相机镜头所产生的眩光，常用在表现玻璃、金属等反射的反射光，或用来增强日光和灯光效果	
	纤维	可以使用前景色和背景色创建纤维效果	
	云彩	可以使用介于前景色与背景色之间的随机值生成云彩图案	
杂色	减少杂色	可基于影响整个图像或各个通道的用户设置保留边缘，同时减少杂色	

续表

滤镜组名称	滤镜名称	应用描述	典型效果图例
杂色	蒙尘与划痕	可通过更改相异的像素来减少杂色	
	去斑	可以对图像进行轻微的模糊柔化,消除图像中的斑点,同时保留细节	
	添加杂色	可以将随机的杂点应用于图像	
	中间值	采用杂点和周围像素的折中颜色来平滑图像中的区域	
其他	高反差保留	可以在有强烈颜色转变发生的地方按指定的半径保留边缘细节,并且不显示图像的其余部分	
	位移	可以水平或垂直偏移图像,对于由偏移生成的空缺区域,还可以用不同的方式来填充	

图形图像处理（Photoshop CC + Illustrator CC）

滤镜组名称	滤镜名称	应用描述	典型效果图例
其他	自定	是 Photoshop 提供的可以自定义效果的滤镜。该滤镜可根据预定义的数学运算更改图像中每个像素的亮度值，这种操作与通道的加、减计算类似。用户可以存储创建的自定滤镜，并将它们用于其他 Photoshop 图像	
	最大值	可以在指定的半径内，用周围像素的最高亮度值替换当前像素的亮度值。"最大值"滤镜具有应用阻塞的效果，可以扩展白色区域、阻塞黑色区域	
	最小值	可以在指定的半径内，用周围像素的最低亮度值替换当前像素的亮度值。"最小值"滤镜具有伸展的效果，可以扩展黑色区域、收缩白色区域	
画笔描边	成角的线条	可以用一个方向的线条绘制亮部区域，用相反方向的线条绘制暗部区域，通过对角描边重新绘制图像，产生倾斜划痕的效果	
	墨水轮廓	能够以钢笔画的风格，用纤细的线条在原细节上重绘图像	
	喷溅	能够模拟喷枪，使图像产生笔墨喷溅的艺术效果	

续表

滤镜组名称	滤镜名称	应用描述	典型效果图例
画笔描边	喷色描边	可以使用图像的主导色,用成角的、喷溅的颜色线条重新绘画图像,产生斜纹飞溅的效果	
	强化的边缘	可以强化图像的边缘,当"边缘亮度"值较高时,强化效果类似于白色粉笔;该值较低时,强化效果类似于黑色油墨	
	深色线条	用短而紧密的深色线条绘制暗部区域,用长的白色线条绘制亮区,通过"平衡"选项控制黑白色调的比例	
	烟灰墨	模拟用蘸满油墨的画笔在宣纸上绘画的效果,创建柔和的模糊边缘	
	阴影线	使用模拟的铅笔阴影线添加纹理,形成交叉倾斜的划痕效果,并使彩色区域的边缘变得粗糙	

滤镜组名称	滤镜名称	应用描述	典型效果图例
素描	半调图案	可以在保持连续色调范围的同时,模拟半调网屏效果	
	便条纸	可以简化图像,创建像是用手工制作的纸张构建的图像,其中前景色形成凹陷部分,背景色形成凸出部分	
	粉笔和炭笔	可以重绘高光和中间调,并使用粗糙粉笔绘制纯中间调的灰色背景。阴影区域用黑色对角炭笔线条替换,炭笔用前景色绘制,处理较暗的区域;粉笔用背景色绘制,处理较亮的区域	
	铬黄渐变	可以模拟液态金属的效果	
	绘图笔	使用细的、线状的油墨描边形成钢笔素描的效果,前景色作为油墨,背景色作为纸张,以替换原图像中的颜色	
	基底凸现	可以使之呈现粗糙的浮雕的雕刻状和突出光照下变化各异的表面。图像的暗区将呈现前景色,而浅色使用背景色	
	石膏效果	产生石膏质感的浮雕效果	

续表

滤镜组名称	滤镜名称	应用描述	典型效果图例
素描	水彩画纸	可以产生在潮湿的纤维纸上的画笔涂抹效果,使颜色流动并混合	
	撕边	重建图像,使之像是由粗糙、撕破的纸片状组成的,然后使用前景色与背景色为图像着色	
	炭笔	将图像的主要边缘以粗线条绘制,炭笔是前景色,背景是纸张颜色	
	炭精笔	可以在图像上模拟浓黑和纯白的炭精笔纹理,暗区使用前景色,亮区使用背景色	
	图章	可以简化图像,使之看起来就像是用橡皮或木制图章创建的一样	
	网状	模拟网眼覆盖的效果,呈现出轻微的颗粒化	
	影印	可以模拟影印图像的效果,大的暗区趋向于只拷贝边缘四周,而中间色调要么纯黑色,要么纯白色	

续表

滤镜组名称	滤镜名称	应用描述	典型效果图例
纹理	龟裂缝	模拟将图像绘制在一个高凸现的石膏表面上，并随着图像等高线生成精细的网状裂缝效果	
	颗粒	可以使用常规、软化、喷洒、结块、强反差、扩大、点刻、水平、垂直和斑点等不同种类的颗粒在图像中添加纹理	
	马赛克拼贴	可以渲染图像，使它看起来像是由小的碎片或拼贴组成，然后加深拼贴之间缝隙的颜色	
	拼缀图	可以将图像分成规则排列的正方形块，每一个方块使用该区域的主色填充。该滤镜可随机减小或增大拼贴的深度，以模拟高光和阴影	
	染色玻璃	可以将图像重新绘制为单色的相邻单元格，色块之间的缝隙用前景色填充，使图像看起来像是彩色玻璃	
	纹理化	可以在图像中加入"砖形""粗麻布""画布"和"砂岩"等各种纹理，使图像呈现纹理质感	

续表

滤镜组名称	滤镜名称	应用描述	典型效果图例
艺术效果	壁画	使用短而圆的、粗略涂抹的小块颜料，以一种粗糙的风格绘制图像，使图像呈现一种古壁画般的效果	
	彩色铅笔	使用彩色铅笔在纯色背景上绘制图像，并保留重要边缘，外观呈粗糙阴影线，纯色背景色会透过比较平滑的区域显示出来	
	粗糙蜡笔	可以使图像产生类似蜡笔在纹理背景上绘图产生的轻浮雕效果	
	底纹效果	模拟在带纹理的背景上绘制图像的效果	
	调色刀	可以减少图像中的细节以生成描绘得很淡的画布效果，并显示出下面的纹理	
	干画笔	使图像产生干燥的画笔笔触效果	

续表

滤镜组名称	滤镜名称	应用描述	典型效果图例
艺术效果	海报边缘	可以按照设置的选项自动跟踪图像中颜色变化剧烈的区域，在边界上填入黑色的阴影，使图像产生海报效果	
	海绵	使用颜色对比强烈、纹理较重的区域创建图像，以模拟海绵绘画的效果	
	绘画涂抹	可以产生类似手指在湿画纸上涂抹的模糊效果	
	胶片颗粒	可以产生类似胶片颗粒的效果	
	木刻	可以使图像看上去像木刻画的效果	
	霓虹灯光	可以在柔化图像外观时给图像亮部区域着色，在图像中产生彩色霓虹灯照射的效果	

续表

滤镜组名称	滤镜名称	应用描述	典型效果图例
艺术效果	水彩	能够以水彩的风格绘制图像	
	塑料包装	像给图像涂上一层光亮的塑料,以强调表面细节	
	涂抹棒	使用较短的对角线条涂抹图像中暗部的区域,从而柔化图像,亮部区域会因变亮而丢失细节,整个图像显示出涂抹扩散的效果	

8.11 实战演练

1. 实战效果

制作一幅广告招贴,效果如图 8-28 所示。

图 8-28 广告招贴效果图

2. 制作要求

(1)熟练应用不同的滤镜来得到特殊的效果。

155

（2）掌握智能滤镜的使用方法。

（3）滤镜与图层样式、蒙版的综合使用。

3. 操作提示

（1）打开素材所提供的文档"车背景.jpg"和"表盘.psd"，将"表盘.psd"中的内容复制到"车背景.jpg"中，调整大小及位置。如图 8-29 所示。

图 8-29　复制表盘

（2）右键单击"表盘"图层，将其转换为"智能对象"，再给它添加滤镜库中的"扩散亮光"滤镜，表现出金属磨砂质感。如图 8-30 所示。

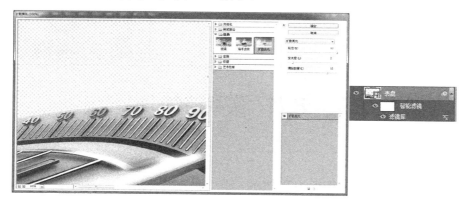

图 8-30　给表盘添加滤镜

（3）右键单击"轨迹"图层，将其转换为"智能对象"，再执行"滤镜→模糊→动感模糊"命令，造成运动轨迹的效果。如图 8-31 所示。

（4）打开素材所提供的文档"摩托车.jpg"，将摩托车用路径选择出来，转为选区后，把摩托车复制到文档"车背景.jpg"中，调整大小及位置。如图 8-32 所示。

（5）为了制造速度与动感的效果，给摩托车图层添加滤镜"风"和"动感模糊"，在添加滤镜之前，右键单击本图层，先将其转换为"智能对象"。如图 8-33 所示。

（6）编辑摩托车图层的蒙版，用黑色涂抹摩托车

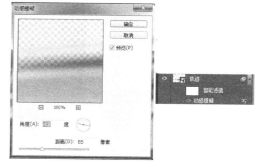

图 8-31　给轨迹添加滤镜

的上部和前部的一些地方，使前方的车体变得清晰一些。如图 8-34 所示。

图 8-32　复制摩托车　　　　　　　　图 8-33　给摩托车图层添加滤镜

图 8-34　给摩托车图层添加蒙版

（7）输入文字，给文字添加图层样式"内阴影"和"渐变叠加"。如图 8-35 所示。

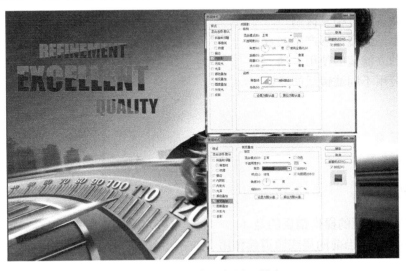

图 8-35　给文字添加图层样式

（8）为使文字部分色调不过于暗沉，在背景图层上执行"滤镜→转换为智能滤镜"命令，在弹出的提示框中选择"确定"，将背景图层转换为智能对象，再执行"滤镜→渲染→镜头光晕"命令。效果如图 8-36 所示。

图 8-36　环形叠加的效果

8.12　本章小结与重点回顾

　　本章主要介绍了 Photoshop CC 若干重要的特殊滤镜，同时也以简单的图示列出了多个经常使用的滤镜效果。通过本章滤镜知识的学习以及实例操作，使读者能够方便、快捷地熟练应用滤镜为自己的作品增加丰富的视觉效果。

 本章重点

- 了解滤镜的分类及区别
- 了解不同滤镜能够产生的效果
- 掌握独立滤镜的使用方法
- 熟练应用不同滤镜组的滤镜

习题 8

一、选择题

1. 下列关于滤镜的操作错误的是（　　　）。
   A. 滤镜只对当前的层或通道起作用
   B. 滤镜只能应用一次
   C. 有些滤镜只能应用在 RGB 模式的图像里
   D. 文字只能栅格化以后才能使用滤镜
2. Photoshop 缺省安装时，程序自动安装到 plug-ins 目录下的滤镜是（　　　）。
   A. 内置滤镜　　　　B. 内阙滤镜　　　　C. 滤镜库　　　　D. 外挂滤镜

3. "置换"滤镜可以根据一张图片的亮度值将现有图像的像素重新排列并产生位移，在使用该滤镜前需要准备好一张用于置换的（　　）格式的置换图。

　　A．JPG　　　　　　　B．PSD　　　　　　　C．TIFF　　　　　　　D．EPS

4. 上一次使用的滤镜会出现在滤镜菜单的顶部，可以通过执行（　　）命令对图像再次应用上次使用过的滤镜效果。

　　A．Ctrl+F　　　　　　B．Ctrl+E　　　　　　C．Ctrl+G　　　　　　D．Ctrl+J

二、填空题

1. Photoshop 滤镜基本可以分为三种类型：＿＿＿＿＿、＿＿＿＿＿、＿＿＿＿＿。

2. ＿＿＿＿＿集成了 Photoshop 中大部分滤镜，并加入了＿＿＿＿＿的功能，此功能允许重叠或重复使用滤镜，从而使滤镜的应用变化更加丰富。

3. ＿＿＿＿＿滤镜是修饰图像和创建艺术效果的强大工具，它能够非常灵活地创建推、拉、扭曲、旋转、收缩等变形效果。

第 9 章

Illustrator CC 基础操作

内容导读

Adobe Illustrator 是 Adobe 公司推出的基于矢量的图形制作软件，以其强大的功能和友好的用户界面，已经占据了全球矢量编辑软件中的大部分份额，广泛应用于印刷出版、专业插画、多媒体图像处理和互联网页面的设计制作。本章重点介绍 Illustrator CC 的工作环境，并通过本章的学习使读者能够运用 Illustrator CC 进行简单图形的绘制。

9.1　Illustrator CC 的工作环境

打开 Illustrator CC 软件后，对 Photoshop CC 软件熟悉的读者会觉得非常亲切，它的布局、菜单、工具等和 Photoshop CC 非常相似，这对一个学习者来讲相当便利，再也不用记住两套不同的工具箱和布局了，这会让学习变得更轻松，上手更快捷。

在 Illustrator CC 中打开或新建一个文档，此时 Illustrator CC 的工作界面同 Photoshop CC 一样，都由标题栏、菜单栏、工具选项栏、工具箱、状态栏、控制面板、图像窗口等组成。如图 9-1 所示。

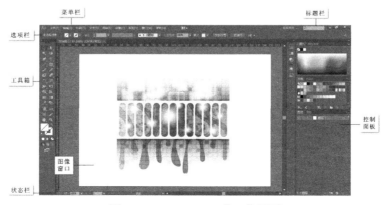

图 9-1　Illustrator CC 的工作界面

9.1.1　标题栏

标题栏用于显示一些功能按钮，如文档的最小化、最大化、关闭等。单击"基本功能"按钮，可在弹出的菜单中选择相关选项，以切换当前工作区，如"Web"、"上色"、"打印和校样"等，不同的功能区排列着按照功能分类的一系列面板，以方便图形的制作修改。

9.1.2　菜单栏

菜单栏中包括文件、编辑、对象、文字、选择、效果、视图、窗口和帮助 9 个菜单。为了提高工作效率，Illustrator CC 中的大多数命令可通过快捷键来实现，如果该命令设置了快捷键，在菜单命令的后方就可以看到。

9.1.3　工具选项栏

工具选项栏用于设置当前使用工具的属性，还可以对其参数进行进一步调整。选择不同的工具，工具选项栏会随之发生相应的变化。

9.1.4　工具箱

工具箱中集合了图形制作处理过程中使用最频繁的工具。工具箱的顶部有一个箭头按钮，单击该按钮可以将工具箱折叠成两列或单列显示。一些工具右下角的箭头表示该工具内还隐藏了其他工具。按住箭头不放，可以显示该工具组内的所有工具，点击工具组最右侧的小箭头，可以将此工具组拖出，放在图像窗口的任意位置，方便使用。各工具的简单介绍如下。

工 具 组	工具名称	作　　用
	选择工具	选取图形并可拖拉移动已选取的图形
	直接选取工具	可选取整个路径，被点击的锚点则被激活
直接选择工具（A） 编组选择工具	编组选择工具	若几个图形被创建了组合，点击其中一个图形，仅仅被点击的图形被选取，拖动这个图形可以单独移动它，但组合依然存在
	魔棒工具	用来选择填充色、边线颜色和线条宽度相同或相近的图形
	套索工具	自由绘制选择区域，包含在此区域内的所有图形都被选取，被选取图形的所有锚点均被激活
钢笔工具　　　　（P） 添加锚点工具　（+） 删除锚点工具　（-） 转换锚点工具（Shift+C）	钢笔工具	用来描绘路径，点击一次就画出一个锚点，如果仅仅点击而不拖动画出的锚点是角点，在点击的时候向切线方向拖动一下，画出的锚点是平滑点
	增加锚点工具	在路径上点击一次就增加一个锚点
	删除锚点工具	在锚点上点击就删除这个锚点
	转换锚点工具	点击平滑点，平滑点就变成角点，点击角点并拖动，角点就变成平滑点

续表

工 具 组	工具名称	作　　用
   T 文字工具　　　　　(T) T 区域文字工具 ✓ 路径文字工具 T 直排文字工具 T 直排区域文字工具 ✓ 直排路径文字工具 T 修饰文字工具　(Shift+T)	文字工具	分为点文字和段落文字两种方式。点文字编辑时点击要书写文字的地方，就可以输入文字，按回车键可换行。段落文字编辑时先用鼠标拉出一个文本框，然后在文本框里输入文字，到达文本框边缘后会自动换行
	区域文字工具	把由路径包围的自由区域当作文本框来编辑文字。点击路径，光标出现在区域内，即可输入文字
	路径文字工具	使文字沿着路径排列。点击路径，光标出现在路径上方，即可输入文字
	垂直文字工具	除了文字是垂直排列的以外，其他同文字工具一样
	垂直区域文字工具	除了文字是垂直排列的以外，其他同区域文字工具一样
	垂直路径文字工具	除了文字是垂直排列的以外，其他同路径文字工具一样
	修饰文字工具	可以修饰一个文本框内的单独文字,进行垂直水平缩放、旋转、基线偏移等编辑
  / 直线段工具　(\) ⌒ 弧形工具 ◎ 螺旋线工具 ▦ 矩形网格工具 ◉ 极坐标网格工具	直线工具	一种是用鼠标拖动来画直线，第二种方法是在直线的起点处点击，在弹出的对话框里输入长度和角度
	弧线工具	一种是用鼠标拖动来画弧线，第二种方法是在要画弧线的地方点击，在弹出的对话框里输入弧线的各个参数
	螺旋工具	一种是用鼠标拖动来画螺旋线，第二种方法是在螺旋线的中心起点处点击，在弹出的对话框里输入螺旋线的各个参数
	矩形网格工具	一种是用鼠标拖动来画网格，第二种方法是在要画网格的地方点击，在弹出的对话框里输入矩形网格的各个参数
	极坐标网格工具	一种是用鼠标拖动来画极坐标网格，第二种方法是在要画极坐标网格的地方点击，在弹出的对话框里输入极坐标网格的各个参数
  ▢ 矩形工具　　(M) ▢ 圆角矩形工具 ⬭ 椭圆工具　　(L) ⬡ 多边形工具 ☆ 星形工具 ◉ 光晕工具	矩形工具	一种是用鼠标拖动来画矩形，第二种方法是在要画的矩形的左上角处点击，在弹出的对话框里输入长和宽
	圆角矩形工具	一种是用鼠标拖动来画圆角矩形，第二种方法是在要画的圆角矩形的左上角处点击，在弹出的对话框里输入长、宽和圆角半径
	椭圆形工具	一种是用鼠标拖动来画椭圆形，第二种方法是在要画的椭圆形的左上角处点击,在弹出的对话框里输入长、短轴长度

续表

工 具 组	工具名称	作　　用
	多边形工具	一种是用鼠标拖动来画正多边形，第二种方法是在要画的正多边形的中心处点击，在弹出的对话框里输入各个参数
矩形工具　　（M） 圆角矩形工具 椭圆工具　　（L） 多边形工具 星形工具 光晕工具	星形工具	一种是用鼠标拖动来画星形，第二种方法是在要画的星形的中心处点击，在弹出的对话框里输入各个参数
	光晕工具	一种是在要产生光晕的地方点击，在弹出的对话框中设定参数，第二种是在要产生光晕的地方拖动鼠标，再在另一处拖动一次
	画笔工具	绘制无轮廓路径，并可为该路径添加效果
铅笔工具　　（N） 平滑工具 路径橡皮擦工具	铅笔工具	绘制或编辑手绘路径线条
	平滑工具	在已经选取的路径上拖拉，删除多余的锚点，使路径更加光滑
	路径橡皮擦工具	删除多余的路径或锚点
	斑点画笔工具	绘制有轮廓的路径
橡皮擦工具　（Shift+E） 剪刀工具　　（C） 刻刀	橡皮擦工具	可擦除图形中多余的部分
	剪刀工具	在路径上点击，该点被剪断，变成两个开放路径
	刻刀工具	能够像刻刀一样将完整的图形切开，变成两个封闭路径
旋转工具　　（R） 镜像工具　　（O）	旋转工具	旋转图形对象
	镜像工具	以固定轴为中心，将对象进行翻转，新位置的图形是原图形的镜像
比例缩放工具　（S） 倾斜工具 整形工具	比例缩放工具	放大或缩小图形
	倾斜工具	倾斜或拉伸图形
	整形工具	拉扯路径，使路径在保留整体的前提下变形
	宽度工具	通过拉伸使路径的外形产生一定的宽度
宽度工具　　（Shift+W） 变形工具　　（Shift+R） 旋转扭曲工具 缩拢工具 膨胀工具 扇贝工具 晶格化工具 皱褶工具	变形工具	让图形对象按照图标拖动的方向发生弯曲变化
	旋转扭曲工具	在图形上点击，使图形以中心进行旋转扭曲
	缩拢工具	在图形上点击或拖动，使图形向内收缩
	膨胀工具	在图形上点击或拖动，使图形向外扩张
	扇贝工具	在图形上点击，使图形边缘向内产生锯齿效果
	晶格化工具	在图形上点击，使图形边缘向外产生锯齿效果
	褶皱工具	在图形上点击，使图形边缘起皱，褶皱的方向和幅度是随机的
	自由变换工具	可任意对图形进行缩放、旋转、倾斜等操作
形状生成器工具　（Shift+M） 实时上色工具　　（K） 实时上色选择工具（Shift+L）	形状生成器工具	可在画布上直观的合并、编辑和填充图形形状
	实时上色工具	按照当前上色的设置，来绘制对象表面和边缘
	实时上色选择工具	可选择"实时上色"组中的表面和边缘线
透视网格工具　（Shift+P） 透视选区工具　（Shift+V）	透视网格工具	在逼真的透视平面上绘制 3 点透视效果图
	透视选区工具	选择透视选区中的图形对象

续表

工 具 组	工具名称	作　　用
网格工具图标	网格工具	在闭合的图形中点击，会出现交叉的两条网格线，填充的颜色会以网格线的交叉点为中心向四周渐变，仔细调整这些网格线的形状和颜色，能够得到非常光滑柔和的色彩效果
渐变工具图标	渐变工具	在选择的图形内填充线性或径向的渐变色，还可以调节色彩的不透明度与色彩的位置比例
吸管工具 (I)　度量工具	吸管工具	在图形上点击，就能读取该图形的填充色和描边色
	度量工具	用来测量尺寸，在起点点击，拉到终点，测量结果反映在"信息"面板中
混合工具图标	混合工具	可以将几个图形的形状和颜色混合起来，产生从一个图形渐变到另一个图形的效果
符号喷枪工具 (Shift+S)　符号移位器工具　符号紧缩器工具　符号缩放器工具　符号旋转器工具　符号着色器工具　符号滤色器工具　符号样式器工具	符号喷枪工具	点击符号面板中想要的符号，在页面上点击并拖拉，符号实例就被喷绘到画布上
	符号移位器工具	移动符号位置
	符号紧缩器工具	将符号紧缩或散开
	符号缩放器工具	将符号放大或缩小
	符号旋转器工具	将符号进行旋转
	符号着色器工具	对符号填充前景色
	符号滤色器工具	使符号逐渐变得透明
	符号样式器工具	将所选样式赋予当前操作的符号
柱形图工具 (J)　堆积柱形图工具　条形图工具　堆积条形图工具　折线图工具　面积图工具　散点图工具　饼图工具　雷达图工具	柱状图表工具	创建柱形图表
	堆积柱形图工具	创建叠加的柱状图表
	条形图工具	创建条形柱状图表
	堆积条形图工具	创建叠加的条形柱状图表
	折线图工具	创建显示一个或多个物体变化趋势图表
	面积图工具	创建显示总量之和的变化值的图表
	散点图工具	创建 X 和 Y 坐标相互对应的图表
	饼图工具	创建划分为饼形来比较数值的图表
	雷达图工具	创建雷达形状的图表
画板工具图标	画板工具	添加或删除画板，调整画板的位置和排列方式
切片工具 (Shift+K)　切片选择工具	切片工具	将图形切成几部分，存储为 Web 格式时自动存储成几个图文件，减小每个文件的体积，加快网络传输速度
	切片选择工具	调整用切片工具切分的形状
抓手工具 (H)　打印拼贴工具	抓手工具	连同图形对象和页面一起移动位置
	打印拼贴工具	当图像尺寸大于打印的纸张尺寸时，将一张图片打印到多张纸上
缩放工具图标	缩放工具	缩放当前视图
填色工具图标	填色工具	选定图形对象，为其填充颜色、渐变、纹理等
	描边工具	对图形对象设定描边的颜色和风格

续表

工 具 组	工具名称	作　　用
	颜色填充	将选定的对象以单色进行填充
	渐变填充	将选定的对象以渐变色进行填充
	无填充	删除对象的填充
	正常绘图	按照默认的方式绘图
	背面绘图	在所选图层的画板背面绘画
	内部绘图	允许在所选对象内部绘图
	更改屏幕模式	在正常屏幕模式、带有菜单栏的全屏模式和全屏模式之间切换

9.1.5　状态栏

状态栏用于显示图形的缩放级别、画板导航以及显示当前文档的相关信息。

9.1.6　控制面板

控制面板主要用于对图形进行某种特定的操作。单击"窗口"菜单，可以在下拉菜单中选择相应的控制面板，并可根据需要对控制面板进行调整。

9.1.7　图像窗口

图像窗口用于显示在 Illustrator CC 中打开或正在编辑的图形文件，对图像的编辑效果都在该区域内显示，但是只有画板区域内显示的图形才能被打印出来。

9.2　文件窗口的基本操作

作图之前通常都要对当前的文件进行一些基本操作，所以掌握文件窗口的基本操作非常重要，这也是开始学习如何使用 Illustrator CC 的第一步。

9.2.1　新建文件

执行"文件→新建"命令或快捷键"Ctrl+N"，在弹出的"新建文档"对话框中设置文件的名称、画板数量、大小方向等参数后，单击"确定"按钮，即可新建一个文档。若在此对话框中，单击"高级"折叠按钮，即可查看到更多高级的选项设置，如颜色模式、栅格效果及预览模式等，按照需求进行设置。如图 9-2 所示。

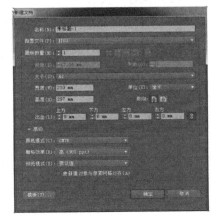

图 9-2　新建文件选项

9.2.2　打开文件

在 Illustrator CC 中，打开的文件的方法有以下几种：

（1）执行"文件→打开"命令或快捷键"Ctrl+O"，在弹出的"打开"对话框中选择需要打开的文件后，单击"打开"即可打开一个已有的文件。

（2）执行"文件→最近打开的文件"命令，选择需要打开的文件，即可打开一个最近使用过的文件。

（3）打开 Illustrator CC，拖曳要打开的文件到 Illustrator CC 的窗口，释放鼠标即可打开文件。

9.2.3　保存文件

在 Illustrator CC 中，保存的文件的方法有以下几种：

（1）执行"文件→存储"命令或快捷键"Ctrl+S"，在弹出的"存储为"对话框中输入文件名称后，单击"保存"即可完成文件的保存。

（2）如果需要将当前的文件存储为其他格式，或者需要修改文件的存储路径和名称等，可以执行"文件→存储为"命令或快捷键"Shift+Ctrl+S"，在弹出的"存储为"对话框中进行设置，单击"保存"即可完成对文件的修改。

9.2.4　导出文件

执行"文件→导出"命令，在弹出的"导出"对话框中，输入需要导出的文件名称，并选择好保存类型，单击"导出"按钮，随后将打开相应文件格式选项的对话框，从中可对导出文件的颜色模型和分辨率等属性进行设置，最后单击"确定"即可。

9.2.5　关闭文件

在 Illustrator CC 中，关闭文件的方法有以下几种：

（1）单击操作界面标题栏右上角的"×"按钮，即可将文件关闭。

（2）执行"文件→关闭"命令或快捷键"Ctrl+W"，即可关闭当前文件。

（3）执行"文件→退出"命令或快捷键"Ctrl+Q"，即可关闭当前文件并同时退出 Illustrator CC。

9.3　对象的视图控制

9.3.1　图形的显示

在 Illustrator CC 中打开一个文件时，当前默认的显示模式为"预览"模式，该模式可以显示出图形的细节和颜色层次，如图 9-3 所示。若执行"视图→轮廓"命令，则画面以图形线框的轮廓显示，该模式有助于对一些复杂图形的轮廓进行辨别和修改，如图 9-4 所示。按快捷键"Ctrl+Y"，则可以在两种显示模式间切换。

图 9-3　预览模式　　　　　　　　　图 9-4　轮廓模式

9.3.2　图形的排列

对象的排列是指每个图层中对象的前后排列顺序。在选择一个对象后，执行"对象→排列"命令，在弹出子菜单中选择相应的排列命令，即可调整所选定的对象图层顺序，如图 9-5 所示。

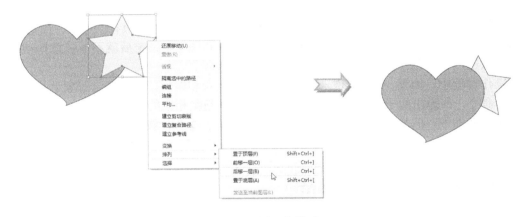

图 9-5　图形的排列

9.3.3　图形的编组

编组命令能够把选中的多个对象集合到同一群组中，也可对已经编组的对象进行再次编组。当进行例如移动、缩放等操作时，所进行的操作可以应用于组合后的对象编组。在选择多个对象后，执行"对象→编组"命令，可将选中的对象编组；要取消编组，执行"对象→取消编组"命令即可。

9.3.4　图形的复制和粘贴

"Ctrl+C"和"Ctrl+V"是众多操作软件通用的复制粘贴快捷键，在 Illustrator CC 中，复制和粘贴的形式在该基础上有更多应用的方法。复制对象后，执行快捷键"Ctrl+F"，可在原图形位置的正前方粘贴新图形；若执行快捷键"Ctrl+B"，则粘贴至原图形的正后方；而快捷键"Shift+Ctrl+V"，则不会使图形移位粘贴，而是原地粘贴在前方，类似于"Ctrl+F"；快捷键"Shift + Ctrl + Alt +V"，则会在把原图形在所有已建立的画板上分别粘贴，如图 9-6 所示。

图 9-6　在所有画板上粘贴

9.3.5　图形的锁定和隐藏

在编辑对象时，为避免对图形对象的意外操作，可在选定对象后执行"对象→锁定"命令，在弹出的子菜单中选择相应的命令，以锁定相应的对象和图层，锁后就不能任意拖动或更改对象。可以通过"对象→全部解锁"来恢复对图形的编辑。

在操作过程中，如果一些图形影响到其他对象的查看和编辑，可在选定对象后执行"对象→隐藏"命令，在弹出的子菜单中选择相应的命令，以隐藏相应的对象和图层，隐藏后的对象仍然存在于文件中，但却不可见，也不能被编辑。可以通过"对象→显示全部"命令来恢复显示隐藏的图形。

9.3.6　标尺、参考线和网格

在编辑对象时，使用标尺、参考线和网格等工具，有助于对图形进行更为精确的编辑，更为精准的定位对象。

当启动 Illustrator CC 后，标尺默认是关闭的。若要启用标尺和参考线，可执行"视图→标尺→显示标尺"命令或快捷键"Ctrl+R"以显示标尺，反之则隐藏。然后从标尺上拖出参考线至画面中，以添加参考线。如图 9-7 所示。如果选择智能参考线，则会高亮显示图形的位置、坐标等相关信息。

将光标指向标尺，单击鼠标右键，在弹出的快捷菜单中可以选择使用的单位。如图 9-8 所示。

在默认状态下，标尺的坐标原点在工作页面的左上角，若果想要更改坐标原点，则指向水平与垂直标尺的交界处，单击鼠标并将其拖曳到任意位置上，释放鼠标后即可将坐标原点设置在此处。如果想恢复坐标原点的位置，双击水平与垂直标尺的交界处即可。

网格可以辅助定位、对齐对象，执行"视图→显示网格"命令即可显示网格。若要对网格的角度进行调整，可执行"编辑→首选项→常规"命令，在弹出的对话框中设置"约束角度"

选项。如图 9-9 所示。

图 9-7 添加参考线   图 9-8 改变标尺单位

图 9-9 正常显示网格和约束角度后的网格

9.4 实战演练

1．实战效果

制作一个网络游戏的开始界面，学习利用网格标尺等工具辅助作图，制作方块文字，其效果如图 9-10 所示。

图 9-10 网络游戏开始界面效果

2．制作要求

（1）学习如何利用网格辅助制作。

（2）利用图形编组进行移动、复制。

（3）掌握如何进行图形排列。

3．操作提示

（1）建立一个横向 A4，色彩模式为 RGB 模式的新文档，保存名称为"游戏文字.ai"。

（2）执行"视图→显示网格和视图→对齐网格"命令，使图形对齐网络。

（3）执行"编辑→首选项→参考线和网格"命令，将网格线间隔定义为 25mm，次分割线为 5。如图 9-11 所示。

（4）建立边长为 5mm，圆角半径为 1mm 的圆角矩形，在"图形样式"面板中赋予其"浅橙色照亮"样式。再复制几个圆角矩形，将样式更改为同类的其他颜色。如图 9-12 所示。

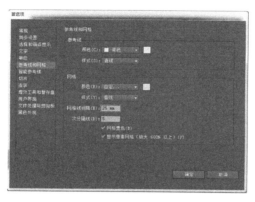

图 9-11　调整首选项

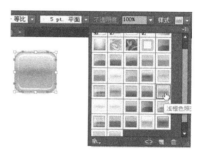

图 9-12　建立圆角矩形

（5）按照网格大小和位置排列方块，并编组、复制、移动，组成文字。如图 9-13 所示。

（6）执行"文件→置入"命令，把素材所提供的文档"俄罗斯方块.jpg"置入文档，再单击右键，执行"排列→置于底层"命令，并调整图像大小即可。如图 9-14 所示。

图 9-13　组成文字

图 9-14　调整图形排列顺序

9.5　本章小结与重点回顾

本章主要介绍了 Illustrator CC 的操作界面、基本图形文件的操作和如何对图形进行查看、排列、编组以及一些辅助工具的使用。通过本章的学习使读者对 Illustrator CC 软件有了一定的了解，同时能够对图形文件进行基本的操作。只有掌握了 Illustrator CC 的基本知识点，才能更好为今后图形的绘制和编辑打下良好的基础。

 本章重点

- 了解 Illustrator CC 的工作环境
- 掌握 Illustrator CC 文件窗口的基本操作
- 了解图形的显示方式
- 了解图形的排列编组
- 学会利用标尺、参考线、网格线

 **习题 9**

一、选择题

1．Illustrator CC 的文件保存格式为（　　）。

　　A．*.ai　　　　　　　B．*.jpg　　　　　　　C．*.psd　　　　　　　D．*.eps

2．在图形显示模式中，哪一项模式可以显示图形的细节（　　）。

　　A．叠印预览　　　　B．像素预览　　　　C．轮廓预览　　　　D．预览

3．下面关于 Illustrator CC 界面描述正确的是（　　）。

　　A．启动 Illustrator CC 后会自动建立一个大小为 A4、色彩模式为 RGB 的文件

　　B．创建新文件时，在"新建"对话框中可以任意设置文件栅格效果的值

　　C．创建新文件时，在"新建"对话框中只有 RGB 和 CMYK 两种色彩模式可以选择

　　D．创建新文件时，在"新建"对话框中只能建立一个画板

4．要设置网格的旋转角度，可在首选项的哪个分类中设置（　　）。

　　A．常规　　　　　　B．参考线和网格　　C．用户界面　　　　D．智能参考线

5．更改显示模式的快捷键是（　　）。

　　A．Ctrl+A　　　　　B．Ctrl+R　　　　　C．Ctrl+Y　　　　　D．Ctrl+Q

二、填空题

1．Illustrator CC 菜单栏包括_____、_____、_____、_____、_____、_____、_____、窗口和帮助 9 个菜单。

2．工具箱的顶部有一个箭头按钮，单击该按钮可以将工具箱折叠成_____或_____显示。

3．执行"对象→排列"命令，即可调整所选定的对象_____。

4．可以用快捷键_____显示标尺，反之则隐藏。

5．如果想恢复已经改变的坐标原点位置，双击水平与垂直标尺的_____即可。

Illustrator CC 图形的绘制

内容导读

Illustrator CC 具有强大的绘图功能，基本图形工具使用方便快捷，可编辑性强，通过不同形状的变换组合，可以创建丰富的图形效果。本章将详细介绍图形的绘制和填色，同时通过相关知识的实例来更快地掌握操作技巧。

10.1　装饰图案制作

10.1.1　案例综述

在 Illustrator 软件中，创作一幅作品基本上都是从绘制基本图形开始的，因此，熟练掌握基本几何图形的绘制，是学好 Illustrator 的前提。

本案例为设计制作一张装饰图案，可用于广告制作的背景或屏幕保护等，效果如图 10-1 所示。图案的装饰性非常强，应用了大量的基本图形，通过不同的排列组合，使其呈现出现代风格的数字科技感。

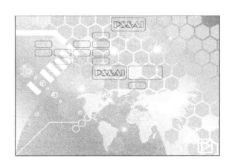

图 10-1　装饰图案实例效果图

10.1.2　案例分析

在设计制作装饰图案的过程中，主要应用到了以下工具和制作方法：

（1）基本图形的绘制。

（2）单色填充和渐变色填充。

（3）图形的复制、粘贴、编组、解组。

（4）图形的变换。

10.1.3　实现步骤

（1）创建 A4 大小、横向、CMKY 模式的文档，保存名称为"装饰背景"。

（2）使用矩形工具画一个页面大小的长方形，填充色板库中预设的渐变色"天空 6"，倾斜 45°，作为图案底色。如图 10-2 所示。

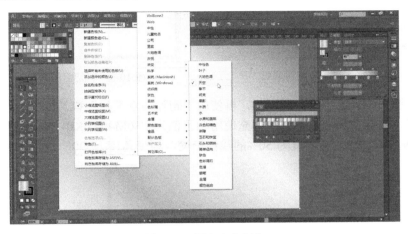

图 10-2　图案底色制作

（3）使用多边形工具绘制半径 12 毫米的正六边形，色彩为 C36M22Y2K0，横向排列一行，进行编组；复制粘贴该组，放置于下方，并再次对两行正六边形编组。如图 10-3 所示。

（4）不断复制六边形组合，复制满页面后，取消编组，再删除掉不需要的六边形。如图 10-4 所示。

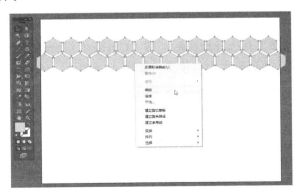

图 10-3　对正六边形进行组合与复制

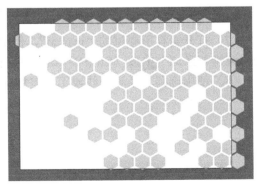

图 10-4　正六边形组合形式

注

在这个步骤里，可先将背景图层关闭，以方便观察与制作。

（5）在最上层绘制一个与页面等大的矩形，将所有正六边形与此矩形选中，右击，选择"建立剪切蒙版"，将所有图形剪切进入矩形的框架中，使凌乱的页面边缘变得整齐。如图 10-5 和图 10-6 所示。

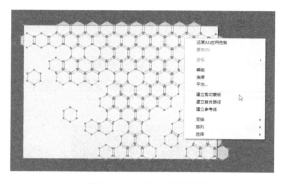 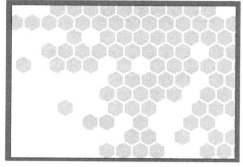

图 10-5 建立剪切蒙版   图 10-6 剪切后的效果

（6）利用椭圆工具绘制一个正圆形，再使用"删除锚点工具"和"转换锚点工具"将其修改成为半圆形，放置在页面左下方；填充使用颜色值为 C80M40Y0K0，透明度为 0%，过渡到颜色值为 C80M40Y0K0，透明度为 50%的线性渐变，渐变角度为−90°。如图 10-7 所示。

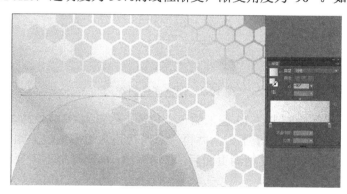

图 10-7 添加半圆形

（7）打开素材所提供的"map.ai"，使用选择工具选择地图后，按"Ctrl+C"组合键复制，到"装饰背景.ai"中按"Ctrl+V"组合键粘贴，并调整大小与位置。如图 10-8 所示。

（8）使用椭圆工具和直线段工具添加圆形组合与直线组合。如图 10-9 所示。

图 10-8 添加地图   图 10-9 添加圆形组合和直线形组合

（9）使用矩形工具添加矩形组合。如图 10-10 所示。

（10）使用圆角矩形工具添加圆角矩形组合，填充色无，描边色为 C100M95Y5K0。使用文字工具添加文字"PS&AI"，字体为"Broadway"，右击文字，选择"创建轮廓"后，将填充色改为无，描边色使用与圆角矩形相同的色彩。如图 10-11 所示。

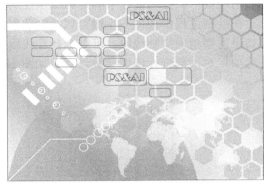

图 10-10　添加矩形组合　　　　　　图 10-11　添加圆角矩形组合

（11）使用矩形工具绘制一个正方形，描边宽度为 5pt；内部使用星形工具，将角点数设置为 3，绘制一个正三角形，右击执行"变换→旋转"，将角度修改为 270°，描边宽度为 5pt。再将两个图形组合起来。如图 10-12 所示。

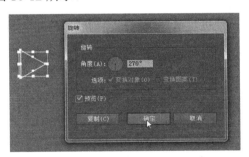

图 10-12　旋转三角形

（12）最后，使用光晕工具加入多个光晕即可。

10.2　基本图形的绘制

打开 Illustrator CC 软件，按住工具箱中的直线工具和矩形工具，会显示基本的图形工具组。下面就对这些工具进行一一介绍。如图 10-13 所示。

图 10-13　基本图形工具

10.2.1　直线段工具

用于绘制直线段，通过组合使用可以达到绚丽的效果。如图 10-14 所示。

按住"Shift"键可以绘制水平或垂直及 45°的直线段；按住"Alt"键可以绘制以鼠标落点为中心的线段；在拖动鼠标未确定第二个控制点的同时，按下空格键，可以移动绘制的直线段位置。在绘制过程中按"～"键可以绘制放射性线段。

如果需要精确绘制线段，可以选择直线段工具后，在页面中单击鼠标左键，打开"直线段工具选项"对话框进行详细参数设置。如图 10-15 所示。

图 10-14　不同色彩直线段组合效果　　　　图 10-15　直线段工具选项

（1）长度：设置该线段的长度值。

（2）角度：选择或输入线段的角度值。

（3）线段颜色：勾选该项，则表示该线段将以描边色进行填充。

直线段绘制完成后，还可通过工具选项栏对当前线段进行设置。如图 10-16 所示。

图 10-16　直线段工具选项栏的设置

注

以上打开工具选项对话框的方式，适用于 Illustrator CC 的所有基本图形工具。

10.2.2　弧形工具

弧形工具通常用来绘制一些规则或不规则的曲线段。在绘制过程中按住"F"键进行弧线方向的转换；按住"C"键进行开放和闭合的转换。如图 10-17 所示。

除了与基本图形工具相同的绘制方式外，可以打开"弧线段工具选项"对话框进行详细参数设置。如图 10-18 所示。

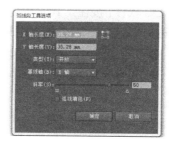

图 10-17　弧线组合效果　　　　图 10-18　弧线段工具选项

（1）X 轴长度：设置沿 X 轴倾斜的长度值，并通过起始点图标定义弧线起始点的位置。

（2）Y 轴长度：设置沿 Y 轴倾斜的长度值。

（3）类型：设置弧线为开放或闭合的路径。

（4）基线轴：设置倾斜的方向是 X 轴或是 Y 轴。

（5）斜率：设置弧线为凹或凸的倾斜。

（6）弧线填色：勾选该项，则表示该线段将以描边色进行填充。

10.2.3　螺旋线工具

用于绘制不同曲率的螺旋路径。在绘制过程中按住"Ctrl"键，可以设置螺旋线的密度；按住"↑"或"↓"键，可以增加或减少螺旋圈数。如图 10-19 所示。

除了与基本的图形工具相同的绘制方式外，可以打开"螺旋线"对话框设置不同的螺旋线形状。如图 10-20 所示。

 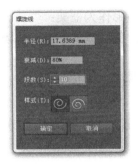

图 10-19　螺旋线组合效果　　　　图 10-20　螺旋线工具选项

（1）半径：设置螺旋线最外点到中心点的距离长度。

（2）衰减：设置螺旋线半径递减的百分比。

（3）段数：设置螺旋线环绕的段数。

（4）样式：设置螺旋线环绕的方向。

10.2.4　矩形网格工具

该工具使用指定数目的分隔线创建指定大小的矩形网格，矩形网格的各个节点都可以自由调节。在绘制过程中按住"Shift"键，可以绘制正方形网格。如图 10-21 所示。

除了与基本的图形工具相同的绘制方式外，可以打开"矩形网格工具选项"对话框对矩形网格属性进行设置。如图 10-22 所示。

（1）默认大小：设置高度和宽度值，并通过起始点定义网格起始点的位置。

（2）水平分隔线：设置水平分隔线的数量及上下倾斜程度。当百分比为负值时，行高由上到下逐渐加高；当百分比为正值时，行高由上到下逐渐变矮。

（3）垂直分隔线：设置垂直分隔线的数量及左右倾斜程度。当百分比为负值时，列宽由左到右逐渐加宽；当百分比为正值时，列宽由左到右逐渐变窄。

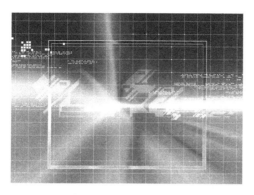

图 10-21　矩形网格效果

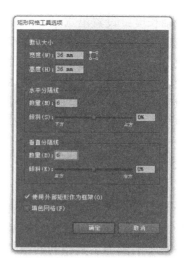

图 10-22　矩形网格工具选项

（4）使用外部矩形作为框架：勾选该复选框后，使矩形成为网格的框架。

（5）填色网格：使用默认的填充色填充网格，网格线的颜色为描边色。

10.2.5　极坐标网格工具

该工具创建指定大小和指定数目分隔线的同心圆，使用方法与矩形网格非常相似。如图 10-23 所示。

除了与基本的图形工具相同的绘制方式外，可以打开"极坐标网格工具选项"对话框对极坐标网格属性进行设置。如图 10-24 所示。

图 10-23　极坐标网格效果

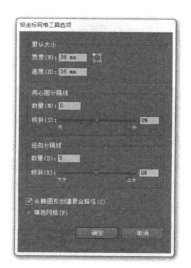

图 10-24　极坐标网格工具选项

（1）默认大小：设置高度和宽度值，并通过起始点定义网格起始点的位置。

（2）同心圆分隔线：设置同心圆分隔线的数量及倾斜程度。当百分比为负值时，半径增长比例由内到外逐渐变大；当百分比为正值时，半径增长比例由内到外逐渐变小。

（3）径向分隔线：设置径向分隔线的数量及倾斜程度。当百分比为负值时，角度沿顺时针方向逐渐减小；当百分比为正值时，角度沿顺时针方向逐渐加大。

（4）从椭圆形创建复合路径：勾选该复选框后，可将同心圆转换为独立复合路径并每隔一个圆进行填色。

（5）填色网格：使用默认的填充色填充网格，网格线的颜色为描边色。

10.2.6　矩形、圆角矩形、椭圆工具

虽然矩形工具、圆角矩形工具、椭圆工具使用起来非常简单，但是通过组合就可以完成比较复杂的基础造型结构。如图 10-25 所示。

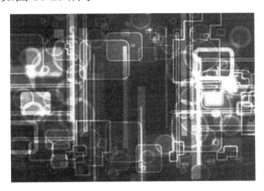

图 10-25　图形组合效果

其工具选项对话框的参数设置，如图 10-26 所示。

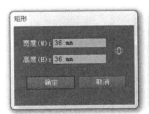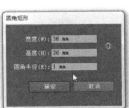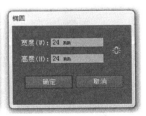

图 10-26　矩形、圆角矩形、椭圆工具选项

（1）长度：设置沿 X 轴的长度值。
（2）宽度：设置沿 Y 轴的长度值。
（3）圆角半径：设置圆角矩形的圆角大小。

10.2.7　多边形工具

使用该工具时，Illustrator CC 默认的是 6 边形，在绘制的时候，按住 "↑" 键可增加多边形的边数，按住 "↓" 键可减少多边形的边数，或使用 "多边形" 对话框进行设置。如图 10-27

所示。

多边形工具选项对话框的参数设置如图 10-28 所示。

图 10-27　多边形效果 　　　　　图 10-28　多边形工具选项

（1）半径：设置多边形内接圆或外接圆的半径值。

（2）边数：设置多边形的边数值。

10.2.8　星形工具

使用该工具时，按住"↑"键可增加星形的边数，按住"↓"键可减少星形的边数，或使用"星形"对话框进行设置。如图 10-29 所示。

星形工具选项对话框的参数设置如图 10-30 所示。

图 10-29　星形效果 　　　　　　图 10-30　多边形工具选项

（1）半径 1(1)：设置星形内接圆的半径值。

（2）半径 2(2)：设置星形外接圆的半径值。

（3）角点数：设置星形的角数。

10.2.9　光晕工具

Illustrator CC 中的光晕工具可以创建一个类似于日光或灯光照射产生的光晕。如图 10-31 所示。

使用该工具时，首先在画板区域单击鼠标左键并拖动至合适位置，释放鼠标后，绘制出光晕的中心；然后在画板的另一区域单击鼠标左键，绘制光晕照射的长度和光环，最终完成光晕的绘制。按住"Alt"键可一次完成光晕的绘制，按住"↑"键可增加光晕的射线，按住"↓"键可减少光晕的射线，或使用"光晕工具选项"对话框进行设置。如图 10-32 所示。

图 10-31　光晕效果

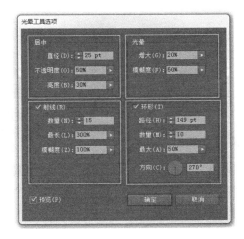

图 10-32　光晕工具选项

（1）居中：设置光晕的直径大小、不透明度和光晕中心的亮度。

（2）光晕：设置光晕向外增大范围和模糊度的百分比。

（3）射线：设置光晕射线的数量、最长射线的长度和射线之间的密度。

（4）环形：设置光晕中心与末端光环中心之间的路径距离，还可设置光环的数量、光环的最大比例参数、光环的方向。

10.3　色彩填充

一幅作品的设计成功与否在很大程度上取决于色彩的选择和搭配，这是平面设计中的重要组成部分。在 Illustrator CC 中，提供了多种填色方式，可以为图形赋予色彩丰富的外表，增强作品的表现力。

10.3.1　单色填充

单色填充是最普通的一种填色方式，把选定的颜色运用到图形对象中，该图形可以是闭合的路径，也可以是开放的路径。

1. 使用"填色"工具

填充工具分为"填色"按钮、"描边"按钮，互换颜色和描边，颜色、渐变和无这 6 种按钮。通过双击工具箱中的填色按钮，打开"拾色器"对话框，设置要为所选对象填充的颜色或要更改的颜色。如图 10-33 所示。

图 10-33　使用填色工具填充

2．使用"颜色"面板

在"颜色"面板中，可以完成对象颜色编辑、颜色模式转换等操作。如图 10-34 所示。

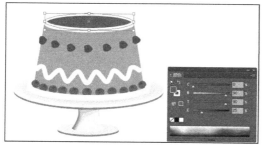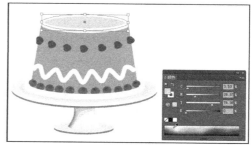

图 10-34　使用颜色面板填充

3．使用"色板"面板

"色板"面板中，存储了多种颜色的样本，方便对颜色的取用；同时还为了适应不同的绘制要求，可以创建新的颜色样本。通过该面板，也可以完成对图形色彩的填充。如图 10-35 所示。

图 10-35　使用色板面板填充

10.3.2　渐变填充

将两种或两种以上的颜色以渐进过渡的方式进行填充，可以使用"渐变"工具或"渐变"面板。如图 10-36 所示。

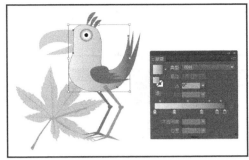

图 10-36　使用渐变工具和渐变面板填充

使用"渐变"工具进行填色，可双击对象，直接调整图形对象上的渐变条滑块来编辑颜色。使用"渐变"面板进行填色，可以控制渐变的类型、方向、透明度、位置等属性，进行更为详细的数据设置。如图 10-37 所示。

图 10-37　渐变面板选项

（1）渐变填充缩览图：可以预览当前设置的渐变效果。单击右端下拉按钮，可选择预设的渐变颜色。

（2）类型：可以选择"线性"或"径向"渐变。

（3）色彩填充：设置"填充色"或"描边色"。

（4）描边：选择渐变色在描边中应用的位置。

（5）反向渐变：将当前渐变颜色互换。

（6）角度：设置渐变的方向角度。

（7）长宽比：设置渐变颜色之间的长宽比例。

（8）渐变滑块：拖动滑块，可以调整渐变颜色之间的过渡位置；单击颜色条下方，可以添加渐变滑块；向下拖曳滑块，可以将其删除；双击滑块，可弹出颜色拾取器。

（9）不透明度：调整所选滑块颜色的不透明度。

（10）位置：调整所选颜色在渐变中所处的位置。

10.3.3　图案填充

在选择图形之后，打开"色板"面板，不仅可以进行图形的单色、渐变色填充，还可以应用 Illustrator CC 中提供的图案对图形进行图案填充，将适合的图案花纹填充至对象。如图 10-38 所示。

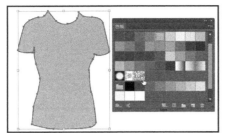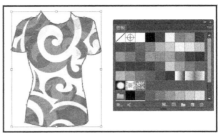

图 10-38　图案填充

Illustrator CC 能够自定义图案进行填充，以适应不同的需要。选中所绘制的图案，执行"对象→图案建立"命令，将打开图案选项对话框，在该对话框中输入图案名称，选择好拼贴类型和重叠方式等，单击"完成"即可。此时，在"色板"面板中就会出现自定义的图案。如图 10-39 所示。

图 10-39　自定义矢量图案

Illustrator CC 还支持直接将图形拖入色板定义为图案，这是一种比较简单的方法；置入的位图在嵌入后，也可以拖入色板定义为图案。如图 10-40 所示。

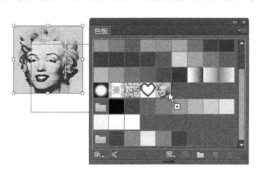

图 10-40　自定义位图图案

当图形进行移动、旋转、镜像等变形操作时，在相应的对话框中都可以通过"变换图案"复选框来定义是否对图形中的图案同时进行变形操作。如图 10-41 所示。以比例缩放图形为例，若选中"变换图案"复选框，则同时对图形和填充图案进行比例缩放。

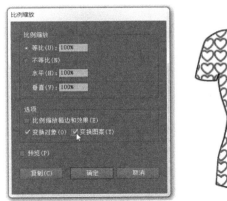

图 10-41　是否选择变换图案复选框的填充差别

10.3.4　网格填充

网格工具可以在图形内部添加网格，并灵活地填充网格上各部分的色彩，创建在任意方向上的颜色过渡，得到细腻自然的过渡效果。如图 10-42 所示。

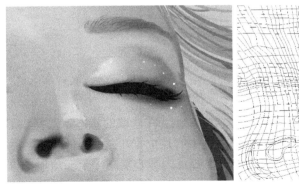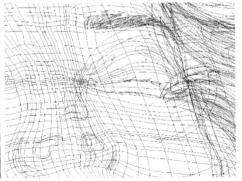

图 10-42　使用网格填充绘制的人物

要添加网格，可直接使用网格工具在图形上单击，单击点为纵向线和横向线的交叉点，按住 Alt 点击已有的网格线可将其删除。添加对象网格之后，分别选择任意交叉点设置填充色，即可填充该网格区域的颜色。如图 10-43 所示。

图 10-43　使用网格填充绘制苹果

10.4 实战演练

1．实战效果

制作一张具有装饰效果的背景图案，其效果如图 10-44 所示。

2．制作要求

（1）学会如何绘制基本图形。

（2）掌握色彩的填充方式。

3．操作提示

（1）建立一个 1000×800 像素的 CMYK 新文件，填充底色#F6D0A3，保存名称为"日出.ai"。

（2）按住 Shift 分别绘制不同大小的圆形，圆心对齐，底色由内到外分别为#E63B15、#F78614、#F49A4A、#F2BA76；将这四个圆进行调整大小与位置，用一个与文件等大的矩形与它做剪切蒙版，形成太阳的部分。如图 10-45 所示。

图 10-44 装饰背景图案　　图 10-45 制作太阳的剪切蒙版

（3）用钢笔工具画一个长等边三角形，颜色为#F7A341。在选取的状态下选择"旋转工具"，此时按住"Alt"键，移动三角形的中心点到外部旋转中心点位置，在弹出的旋转对话框中，输入旋转角度 20°，点击"复制"按钮，即可以外部中心点为圆心复制一个三角形，执行"对象→变换→再次变换"命令或按"Ctrl+D"键，复制出所有的三角形。将这些三角形进行编组后，调整大小，并将透明度调至 30%。再用一个与文件等大的矩形与它做剪切蒙版，形成光芒的部分。如图 10-46 所示。

（4）用钢笔工具勾画云彩路径，填充白色，复制并调整大小，放在合适的位置。如图 10-47 所示。

图 10-46 制作光芒的剪切蒙版　　图 10-47 用钢笔工具制作白云

（5）用钢笔工具勾画树路径，由浅到深分别填充#C6D12F、#81942B、#657730，复制并调整大小，放在合适的位置；用钢笔工具勾画山坡路径，由浅到深分别填充#ADB728、

#95AF27、#73872D、#5D692D。再用一个与文件等大的矩形与它做剪切蒙版，形成山与树的部分。如图 10-48 所示。

（6）最终效果如图 10-49 所示。

图 10-48　制作山与树的剪切蒙版　　　　图 10-49　合成效果

10.5　本章小结与重点回顾

本章主要介绍了 Illustrator CC 中的各种基本图形的绘制及规律，色彩的各种填充方式和编辑方法。通过本章的学习使读者掌握 Illustrator CC 的基本绘图操作，为后面的实际应用打好基础，并以此为基础绘制出简单却不单调的设计图案。

 本章重点

- ■　掌握 Illustrator CC 的基本图形操作
- ■　如何对基本图形进行编辑修改
- ■　了解色彩的填充方式有哪些
- ■　学会利用不同方式进行色彩填充

 习题 10

一、选择题

1．使用"椭圆工具"时，按住（　　）键，可以绘制一个正圆。
　　A．Ctrl　　　　　　B．Shift　　　　　　C．Shift +Alt　　　　D．Ctrl+ Alt
2．使用"圆角矩形工具"时，可通过（　　）设置圆角半径。
　　A．选择编辑首选项常规命令
　　B．在"圆角矩形"对话框中
　　C．右键单击选择设置角度值
　　D．圆角半径随圆角矩形的大小更改而随之变化
3．在"色板"面板中，可以选择（　　）进行填充。
　　A．单色　　　　　　B．渐变　　　　　　C．图案　　　　　　D．无
4．使用"渐变"面板填色，可以控制渐变的（　　）等属性。
　　A．类型　　　　　　B．方向　　　　　　C．透明度　　　　　D．位置

5．对图形进行移动、旋转、镜像等变形操作时，在相应的对话框中都可以通过（　　　）复选框来定义是否对图形中的图案同时进行变形操作。

    A．变换图案　　　　B．变形图案　　　　C．缩放图案　　　　D．复选图案

二、填空题

1．＿＿＿＿＿＿填充可以创建在任意方向上的颜色过渡，得到细腻自然的过渡效果。

2．渐变类型通常分为＿＿＿＿＿和＿＿＿＿＿两大类。

3．可以用＿＿＿＿＿键，一次绘制 N 条同类线段。

4．按住＿＿＿＿＿键，可以一次性完成光晕的制作。

5．按住＿＿＿＿＿键可以绘制水平或垂直及 45°的直线段；按住＿＿＿＿＿＿＿键可以绘制以鼠标落点为中心的线段；

6．在"颜色"面板中，可以完成对象颜色编辑、颜色＿＿＿＿＿＿等操作。

Illustrator CC 的路径与编辑

内容导读

　　路径工具是 Illustrator 软件的重要工具,是绘制矢量图形的基本工具。路径的应用范围很广,凡是涉及有关矢量绘制的软件, 如 Photoshop、Illustrator、CorelDraw、Flash 等, 均有类似的路径工具。想要学好矢量软件, 就必须了解和掌握路径工具的应用。本章将详细介绍路径的绘制和填色, 以及其他路径工具的使用, 同时通过实例来更快地掌握相关知识和操作技巧。

11.1　卡通形象制作

　　在 Illustrator 软件中, 路径是指以贝塞尔曲线为理论基础绘制的线条。路径由一个或多个直线段或曲线段组成, 线段的起始点和结束点均由锚点标记, 通过编辑路径的锚点, 可以改变路径的形状。

11.1.1　案例综述

　　本案例为制作一个卡通形象——懒羊羊。在这个案例中,大量使用了路径绘制工具, 先通过精确的线段绘制调整, 再进行填色, 表现出活灵活现的动画卡通角色。如图 11-1 所示。

11.1.2　案例分析

　　在制作过程中, 本案例主要应用到了以下工具和制作方法:

图 11-1　卡通形象懒羊羊

（1）路径绘制工具——钢笔工具组。

（2）路径色彩填充。

（3）不同路径之间的排列关系。

11.1.3　实现步骤

（1）新建一个横向、CMKY 模式的文档，保存名称为"懒羊羊.ai"。

（2）使用钢笔工具勾画卡通形象的轮廓，使用椭圆工具画鼻子和腮红。全选边框，添加黑色描边，描边粗细为 2pt。如图 11-2 所示。

注

在这个步骤里，必要的时候可以使用快捷键"Ctrl+"打开网格，以方便衡量位置与制作。

（3）选中身体和头部的羊毛部分，填充为白色；脸部、耳朵、四肢填充为浅肤色#F7D3B4；腮红为#EDADA0；舌头为#E4806B；鼻子填充为黑色；羊角用#A5663B；围巾的色彩是#F1AB43。如图 11-3 所示。

图 11-2　绘制路径　　　　　　　　　　图 11-3　给卡通形象上色

（4）将腮红、舌头、鼻子周围的路径描边色修改为"无"，再将围巾上的装饰色带路径修改为白色，懒羊羊的形象就绘制完成了。如图 11-4 所示。

（5）打开素材所提供的"懒羊羊背景.ai"，将已经绘制好的懒羊羊形象全选后，复制粘贴到背景中，调整好大小与位置。如图 11-5 所示。

图 11-4　修改路径的描边色　　　　　　　图 11-5　背景合成

11.2　使用钢笔工具绘制路径

在 Illustrator CC 软件中，要绘制精细的路径，可以使用钢笔工具，并利用钢笔工具组中的添加锚点工具、删除锚点工具、转换锚点工具调整路径锚点和方位，来得到更为精确的路径。

在一条路径上，锚点的位置决定着路径的主要方向，控制手柄用于确定每个锚点两端的线段弯曲度。如图 11-6 所示。

锚点可以分为三种类型：曲线锚点，有两条控制手柄；直线锚点，没有控制手柄；复合锚点，只有一条控制手柄。如图 11-7 所示。

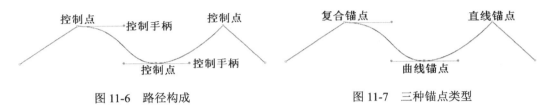

图 11-6　路径构成　　　　　　　　　　图 11-7　三种锚点类型

11.2.1　钢笔工具组

钢笔是 Illustrator CC 中非常重要的绘图工具，是创建各种路径的首选。单击钢笔工具 可以绘制锚点，单击并拖动可以绘制带有控制手柄的曲线锚点；添加锚点工具 可以在已绘制完成的路径上添加新的锚点；删除锚点工具 可以将不需要的锚点删除；转换锚点工具 可以将不同类型的锚点进行转换。

11.2.2　绘制并调整路径

钢笔工具应用起来非常灵活方便。单击钢笔工具，在页面中，单击鼠标确定路径的起点，再次单击并拖曳鼠标，待出现两条控制手柄时释放鼠标，可以绘制弧形路径，连续单击鼠标，可以确定路径的其他锚点。

在绘制的过程中，当钢笔工具移动到路径已有的锚点上时，会自动转换为删除锚点工具；移动到路径上没有锚点的位置时，会自动转换为添加锚点工具；当钢笔工具在路径外变成 时，可以对已经绘制完成的路径继续进行绘制连接；当钢笔工具指向锚点变为 时，封闭当前的绘制路径。

注

绘制路径的时候，在选择了钢笔工具之后，按住"Ctrl"键可以临时转换为直接选择工具；按住"Alt"键可以临时转换为锚点转换工具；以方便对路径的随时修改。

11.2.3　描边路径与填充路径

一条绘制完成的路径，可以为它设置描边颜色并填充颜色。选中路径后，双击工具箱下方的"填色"或"描边"图标 ，在弹出的"拾色器"面板中，可以设置填充色或描边色，要取消填充色或描边色，则单击下方的"无"按钮☑。此外，还可以使用属性栏中的填色和描边选项进行设置。

11.3　使用其他工具绘制路径

除钢笔工具组以外，铅笔工具组中的铅笔工具、平滑工具、路径橡皮擦工具以及橡皮擦工具组中的橡皮擦工具、剪刀工具、刻刀工具都可以描绘路径或对路径进行修改。

11.3.1　铅笔工具组

铅笔工具使用起来非常随意，只需像绘画一样在页面单击并拖动，即可绘制出一条任意形状的路径。如图 11-8 所示。

图 11-8　利用铅笔工具绘制手绘路径

绘制完成的路径如果锚点太多、外形过于复杂，可以使用平滑工具在现有路径的锚点上单击并拖动，就可以对路径进行平滑处理。如图 11-9 所示。在使用过程中，按住"Ctrl"键，可以将平滑工具转换为选择工具，重新选择新的路径进行平滑处理；松开"Ctrl"键，即可转换回平滑工具。

图 11-9　利用平滑工具平滑路径

平滑工具不只是针对铅笔工具使用，其他路径工具都可以使用，如矩形工具组中的各种形状路径。

对于多余的路径，可以使用路径橡皮擦工具进行删除，只需在多余的路径锚点上单击拖动，即可将其擦除。如图 11-10 所示。

图 11-10　利用路径橡皮擦工具擦除路径

11.3.2　橡皮擦工具组

橡皮擦工具 可以对图形部分进行任意的擦除，单击橡皮擦工具，擦除后自动生成新的路径。如图 11-11 所示。

图 11-11　利用橡皮擦工具擦除图形部分

剪刀工具 可以把一条路径剪开，选择剪刀工具在要修剪的路径上单击，即可剪断该路径，剪开后的各部分都变为开放路径。如图 11-12 所示。

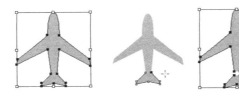

图 11-12　利用剪刀工具擦除图形部分

刻刀工具 可以对图形路径进行任意的切割，选择刻刀工具直接在图形上进行切割后，割开后的各部分都变为封闭路径。如图 11-13 所示。

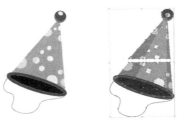

图 11-13　利用剪刀工具擦除图形部分

剪刀工具可以将一个封闭路径变为两个开放路径；刻刀工具可以将一个开放路径变为两个封闭路径。

11.4　复合路径与复合形状

11.4.1　复合路径

复合路径就是将两条或两条以上的路径组合后，根据对应填充规则，把相交的区域填充或者镂空，形成一个整体图形。复合路径的创建，不仅仅限于两个叠加的路径，两个分开的路径同样可以创建。创建复合路径的方法比较简单，首先选中所有的路径，然后执行"对象→复合路径→建立"命令，即可成功创建复合路径；或选中所有的路径后，右击，选择"建立复合路径"命令。如图 11-14 所示。

图 11-14　创建复合路径效果

复合路径在创建时，需要注意一个属性的差异。按"Ctrl+F11"组合键打开属性面板，会看到这样一个选择。如图 11-15 所示。

图 11-15　创建复合路径的属性

当选择①使用非零缠绕填充规则时，只有最顶层与最底层重叠的部分会出现镂空。当选择②使用奇偶填充规则时，所有重叠的部分都会镂空。如图 11-16 所示。

图 11-16　不同的复合路径属性填充的方式不同

如果需要把复合路径分开，可以先选中所要释放的路径，执行"对象→复合路径→释放"命令即可。

11.4.2　复合形状

复合形状与复合路径相似，由多个图形对象组成，也可以产生镂空效果，但是图形之间是相对独立的，可以单独进行移动。Illustrator CC 中可以创建联集、减去顶层、交集和差集四种复合形状。如图 11-17 所示。

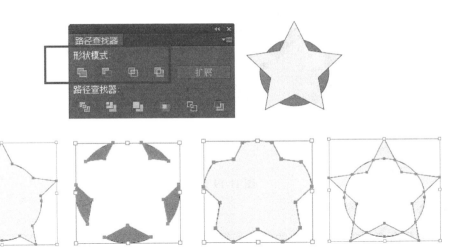

图 11-17　复合形状原图、联集、减去顶层、交集和差集效果

11.4.3　"路径查找器"面板

在绘制比较复杂的图形时，组合两个或多个相对简单的图形生成复杂对象，往往比直接绘制出复杂的图形容易得多，使用路径查找器组合对象能便捷地获得想要的结果。

1．分割

当对两个或多个重叠的对象进行"分割"命令时，所选的对象将按照它们的相交线相互分割成不重叠的小对象，所有的重叠区域都将只保留最上面的对象。分割之后的物体会自动群组，执行"对象→取消编组"命令，即可完成分割。如图 11-18 所示。如果形状没有重合，使用"分割"命令只会使形状组合，类似于"编组"功能。

图 11-18　分割命令效果

2．修边

"修边"命令在分割所有重叠区域路径的同时，会用上方的图形修剪下方的图形，上方的图形完整地保留下来，下方的图形会被分割。修边之后的物体会自动群组，执行"对象→取消编组"命令，即可完成操作。如图 11-19 所示。

图 11-19　修边命令效果

3．合并

"合并"命令根据所选对象的填充和轮廓线属性的不同，其效果也有所不同。如果对象的填充和轮廓线属性都相同，则此按钮功能相当于"联集"命令，将所有对象组合成一个对象，但是对象的轮廓线为无；如果对象的填充和轮廓线属性不同，那么该命令就相当于"修边"命令。

4．裁剪

"裁剪"命令的工作原理和蒙版较为相似，它可以把所有在最前面对象之外的路径删除，同时自身也将消失。如图 11-20 所示。

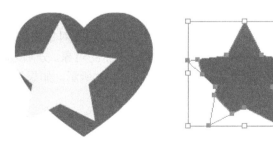

图 11-20　裁剪命令效果

5．轮廓

"轮廓"命令可以去掉对象的填充并将轮廓线分割。单击该按钮后，所有轮廓线宽度为 0，但轮廓线保留了原有对象的填充颜色，对象重叠部分的轮廓线颜色继承了它最上面物体的填充色。如图 11-21 所示。

图 11-21　轮廓命令效果

6．减去后方对象

"减去后方对象"命令可以使最底部的对象减去位于该对象之上的所有对象，并得到一个封闭的图形对象。如图 11-22 所示。

图 11-22 减去后方对象命令效果

11.5 实战演练

1．实战效果

制作一个卡通形象——雪鹿图，效果如图 11-23 所示。

图 11-23 卡通形象效果图

2．制作要求

（1）熟练掌握路径的各种绘制方式。
（2）掌握路径的描边与填充方式。

3．操作提示

（1）新建一个横向、CMKY 模式的文档，保存名称为"雪鹿.ai"

（2）用钢笔工具绘制小鹿的头，填色为 C0M30Y40K0；使用钢笔工具绘制嘴，填色为 C15M86Y66K0 与 C60M70Y90K30；使用钢笔工具绘制鼻子，填色为 C0M70Y30K0 到 C16M98Y100K0 的线性渐变；鼻子高光部分为 C5M18Y26K0 到 C0M60Y55K0 到 C10M90Y75K0 的线性渐变；用椭圆工具绘制眼睛，颜色从上到下分别为白、C60M70Y75K25、黑。用椭圆工具绘制腮红部分，填色为 C5M75Y45K0 到 C0M30Y40K0 的径向渐变。如图 11-24 所示。

（3）用钢笔工具绘制小鹿的发箍，填色为 C40M88Y75K5，耳罩部分为白色和 C18M13Y8K0。如图 11-25 所示。

图 11-24　脸部效果　　　　　图 11-25　绘制发箍和耳罩

（4）用钢笔工具绘制小鹿的鹿角，填色从上到下依次为 C2M19Y37K0 、C10M27Y66K0、C10M30Y70K10；绘制完一个以后进行编组，选取的同时单击鼠标右键，选择"变换→对称→垂直→复制"命令，复制出另一个对称的鹿角。如图 11-26 所示。

（5）用钢笔工具添加服饰，填色为 C18M13Y8K0、C36M97Y96K2 和 C15M86Y66K0。如图 11-27 所示。

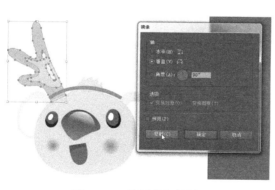

图 11-26　绘制鹿角效果　　　　　　　　图 11-27　绘制服饰

（6）用钢笔工具添加四肢，填色为 C30M66Y87K0 和 C0M30Y40K0。可以先绘制出一个，其余的复制并调整大小及位置即可。如图 11-28 所示。

（7）新建图层，用矩形工具绘制一个颜色为 C5M95Y70K0 的红色矩形，颜色为 C88M50Y100K20 的绿色矩形，并将红色矩形添加投影样式。用 C0M0Y100K0 的黄色写上 "Happy Christmas"。如图 11-29 所示。

（8）把小鹿图形放入到底图上，调整位置及大小；从符号库中的"自然"选项卡中找到雪花符号，拖曳到文件中，并调整位置及大小，形成雪花纷飞的效果。如图 11-30 所示。

图 11-28　躯干部分的效果　　　　图 11-29　底图效果　　　　　　图 11-30　置入雪花符号

11.6　本章小结与重点回顾

本章主要介绍了 Illustrator CC 中的重要元素——路径，通过本章的学习使读者掌握 Illustrator CC 中钢笔工具组的基本操作，以及复合路径与复合形状的应用，从而为今后能够轻松熟练地进行图形绘制打下坚实的基础。

本章重点

■　掌握 Illustrator CC 的路径操作工具
■　如何对路径进行描边与填充
■　了解路径的绘制方式有哪些
■　学会利用复合路径与复合形状制作复杂图形

 习题 11

一、选择题

1. 钢笔工具组中有哪些工具（　　　　）。
　A. 添加锚点工具　B. 删除锚点工具　　C. 转换锚点工具　　D. 移动锚点工具
2. 锚点可以分为哪几种类型（　　　　）。
　A. 曲线锚点　　　B. 直线锚点　　　　C. 复合锚点　　　　D. 双向锚点
3. 有哪些工具可以对路径进行修改（　　　　）。
　A. 铅笔工具　　　B. 平滑工具　　　　C. 剪刀工具　　　　D. 刻刀工具

二、填空题

1. 路径是指以＿＿＿＿＿＿为理论基础绘制的线条。路径的起始点和结束点均由＿＿＿＿＿＿标记。
2. 复合路径在创建时，当选择使用＿＿＿＿＿＿规则时，所有重叠的部分都会镂空。
3. Illustrator CC 中可以创建＿＿＿＿＿＿、＿＿＿＿＿＿、＿＿＿＿＿＿和＿＿＿＿＿＿四种复合形状。
4. 在绘制比较复杂的图形时，使用＿＿＿＿＿＿组合对象能便捷地获得想要的结果。

第 12 章

Illustrator CC 的画笔、文字与符号

内容导读

在 Illustrator CC 软件中，画笔的效果不再是简单的绘制边缘和路径，所创建出的不同画笔具有不同的风格外貌。而且，Illustrator CC 作为一个著名的矢量软件，其处理文字的功能是非常强大的，是位图软件不能比拟的。符号工具最大特点是可以方便、快捷地生成很多相似的图形实例。本章将详细介绍 Illustrator CC 的画笔、文字与符号的功能，并将它们综合起来用实例来介绍相关的知识和操作技巧，从而设计出完美的图文搭配的作品。

12.1　POP 制作

12.1.1　案例综述

Illustrator 软件是绘制 POP 广告常用的软件，针对 POP 的形状、色彩、图案、文字，都能够非常便捷有效地进行设计制作。本案例主要介绍如何利用画笔工具和文字工具进行制作的方法，设计出时尚醒目的 POP 广告。如图 12-1 所示。

12.1.2　案例分析

在本案例的制作过程中，主要应用到了以下工具和制作方法：
（1）定义画笔工具，修改画笔属性。
（2）创建文字，包括区域文字工具和路径文字工具。

图 12-1　POP 广告效果

（3）文字创建轮廓。

12.1.3　实现步骤

（1）新建一个 A4 横向、CMKY 模式的文档，保存名称为"365POP.ai"。

（2）使用矩形工具画一个与文档等宽的矩形，做由白到 C36M16K18Y0 的径向渐变。如图 12-2 所示。

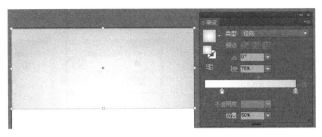

图 12-2　绘制矩形渐变

（3）用钢笔工具绘制心形路径，复制出一个放在一边待用。使用网格工具对心形路径填充，形成立体效果。如图 12-3 所示。

（4）复制一个心形路径，使用路径文字工具，将鼠标指针移动到路径上，当光标变成 时点击路径上的任意位置输入文字，直至围绕路径一周。文字颜色为 C32M99Y91K1。如图 12-4 所示。

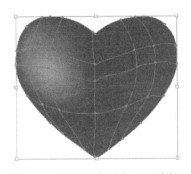

图 12-3　网格渐变填充心形路径　　　　图 12-4　输入路径文字

（5）再复制一个心形路径，使用区域文字工具，当鼠标指针变为 时，在路径附近单击，当路径区域内出现闪烁的文字输入标记 时即可输入文字。如图 12-5 所示。

（6）选中区域文字，右击，选择"创建轮廓"，将文字转换为路径。如图 12-6 所示。

（7）将文字轮廓修改为描边颜色 C4M45Y3K0，填充色无。如图 12-7 所示。

（8）打开"画笔"面板，在下方的"画笔库菜单"中找到"装饰→装饰/散布"选项，点击其中的"点环"和"心形"，将其添加到"画笔"面板中。如图 12-8 所示。

（9）选取心形路径，在工具属性栏上的"画笔定义"下拉菜单中，选取"点环"。如图 12-9 所示。

（10）在"外观"面板中，复制"描边"层，并将"点环"选项改为"心形"。如图 12-10 所示。

图 12-5　输入区域文字

图 12-6　文字创建轮廓

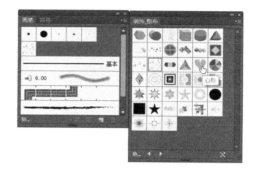

图12-7　修改文字颜色

图12-8　添加画笔类型

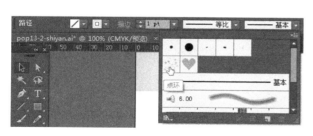

图 12-9　修改文字颜色

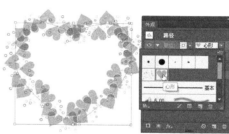

图 12-10　增加描边形式

（11）双击"画笔"面板中的"点环"和"心形"，出现"散点画笔选项"，调整画笔的各个选项，使之更加适合图形的大小。如图 12-11 所示。

（12）将所有心形部分叠加组合对齐，放到合适的位置。如图 12-12 所示。

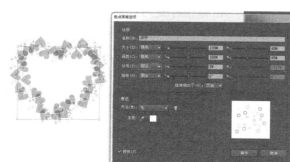

图 12-11　调整画笔选项

图 12-12　组合心形文字路径部分

（13）使用倾斜工具将心形路径推拉至如图 12-13 所示。

（14）填充渐变色由完全透明到 C36M16Y18K10。如图 12-14 所示。

图 12-13　倾斜心形路径

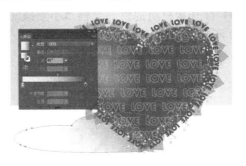

图 12-14　填充影子

（15）使用钢笔工具勾画云彩路径，填充渐变色由白到 C20M10Y20K0。复制几个并调整大小，放置在合适的位置。如图 12-15 所示。

（16）画许多颜色的任意三角形堆叠在一起；输入文字"365"并为其创建轮廓；将数字"365"的路径与下方的图形一起选中，右击，在打开的快捷菜单中选择"建立剪切蒙版"。如图 12-16 所示。

图 12-15　制作云彩路径

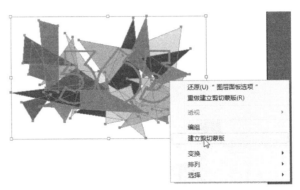

图 12-16　建立文字剪切蒙版

（17）复制文字"365"路径，填充白色；执行"效果→风格化→投影"命令。如图 12-17 所示。

（18）将彩色文字与投影拼合并编组。如图 12-18 所示。

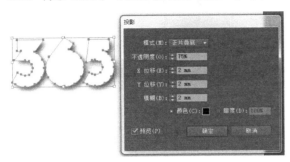

图 12-17　制作投影效果

图 12-18　文字与投影进行编组

（19）继续输入其他文字，颜色分别为 C0M80Y100K0、C0M100Y100K0、C50M100Y100K20，调整大小与位置。如图 12-19 所示。

（20）打开素材所提供的文档"小女孩.ai"，将小女孩复制粘贴到本文档中，调整大小。如图 12-20 所示。

图 12-19　添加文字　　　　　　　　　　　　图 12-20　复制粘贴图形

（21）使用斑点画笔工具在文档下方画出随意的笔触，填充颜色 C18M18Y28K0，再用矩形工具画一个与文档等宽的矩形，将这两个图形选中后右击，选择"建立剪切蒙版"命令，放置到已有的文字下方。如图 12-21 所示。

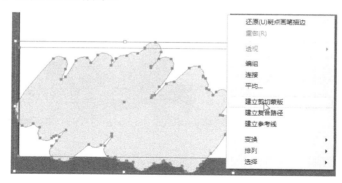

图 12-21　创建笔触图形的剪切蒙版

（22）最后调整图形大小与位置。

12.2　使用画笔工具绘制图形

在 Illustrator 软件中，画笔工具可以进行自由的绘制，还可以应用到描绘路径。画笔工具的类型很多，每种都具有自己独特的笔触和效果。也可以通过自定义画笔和载入画笔，使画笔库更加丰富，以便绘制出更加精彩的图形效果。

12.2.1　画笔工具的类型

Illustrator 软件中有 5 种画笔类型，这些画笔同样用于绘制矢量图形，不同的画笔具有不同的艺术效果。

（1）书法画笔：可以创建类似于平时书法写字时的笔尖状态。如图 12-22 所示。

（2）散点画笔：可以将一个图形对象呈现出沿笔尖路径分布的状态。如图 12-23 所示。

（3）毛刷画笔：可以模拟具有自然画笔外观的笔触。如图 12-24 所示。

（4）图案画笔：可以使用一种图案应用到画笔中，并沿绘制的路径进行重复平铺。如图 12-25 所示。

（5）艺术画笔：可以沿路径长度均匀地拉伸画笔形状。如图 12-26 所示。

图 12-22　书法画笔　　　　　　　图 12-23　散点画笔

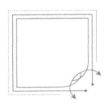

图 12-24　毛刷画笔　　　　图 12-25　图案画笔　　　　图 12-26　艺术画笔

12.2.2　画笔面板

执行"窗口→画笔"命令或按"F5"键都可以打开"画笔"面板，面板上会保存最近使用过的画笔类型。单击该面板右上角的下拉菜单，可执行新建、复制、删除及打开画笔库等命令。若选择"新建画笔"命令，将弹出"新建画笔"对话框，选中画笔类型后确定，将打开相应的画笔选项对话框。下面分别介绍这几种画笔的选项。

（1）书法画笔选项。如图 12-27 所示。

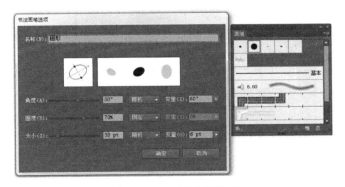

图 12-27　书法画笔选项

① 角度：决定画笔旋转的角度。拖曳预览图中箭头的方向或在"角度"中拖拉滑块或输入数值均可。

② 圆度：决定画笔的圆度。拖曳预览图中黑点的位置或在"圆度"中拖拉滑块或输入数值均可。

③ 大小：决定画笔的直径。在"大小"中拖拉滑块或输入数值均可。

④ 固定：可创建固定角度、圆度或大小的画笔。

⑤ 随机：可创建角度、圆度或大小具有随机性的画笔。在"变量"中输入数值或拖拉滑块均可。

（2）散点画笔选项。选中一个图案以后，出现散点画笔选项，如图 12-28 所示。

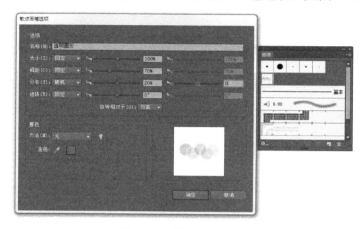

图 12-28　散点画笔选项

① 大小：决定画笔形状对象的大小。

② 间距：决定画笔形状对象的间距。

③ 分布：控制路径两侧画笔形状与路径之间的接近程度。数值越大，画笔形状与路径相隔越远。当为正值时，图案在上，路径在下；当为负值时，图案在下，路径在上。

④ 旋转：控制画笔形状对象的旋转角度。

⑤ 旋转相对于：用来设置散布的画笔形状是相对于页面旋转还是相对于路径旋转。

（3）毛刷画笔选项。如图 12-29 所示。

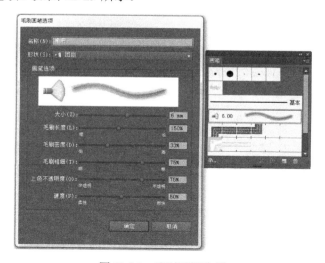

图 12-29　毛刷画笔选项

① 大小：决定画笔的直径大小。

② 毛刷长度：模拟毛刷毛的长度。越长的毛刷，能够画出更加粗黑浓密的线条和较大的转折线。

③ 毛刷密度：决定画笔边缘的虚实程度。

④ 毛刷粗细：决定画笔的浓密程度。

⑤ 上色不透明度：决定画笔的透明度。

⑥ 硬度：影响画笔起笔和落笔时的渐变程度。

（4）图案画笔选项。选中一个图案以后，出现图案画笔选项，如图 12-30 所示。

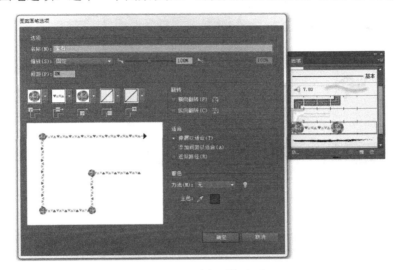

图 12-30　图案画笔选项

① 缩放：相对于原始图形大小来调整拼贴的大小。

② 间距：用来调整拼贴之间的间距。

③ 拼贴：可以将不同的形状用于路径的不同位置。单击相应的拼贴按钮，从列表中选择一个图案色板即可应用拼贴效果。可以设置外角拼贴、边线拼贴、内角拼贴、起点拼贴、终点拼贴。

④ 翻转：可勾选横向翻转或纵向翻转，改变图案相对于路径的方向。

⑤ 适合：可设定图案适合路径的方式。选择"伸展以适合"，可拉长或压缩图案拼贴，以适合对象，该单选框会产生不均匀的图形拼贴；选择"添加间距以适合"，会在需要拉伸的图案部分添加空白，将图案均匀分布到路径中；选择"近似路径"，会在不改变拼贴的情况下使拼贴适合于最近似的路径，该选项所应用的图案，会向路径内侧或外侧移动，以保持均匀的拼贴，而不是将中心落到路径上。

（5）艺术画笔选项。如图 12-31 所示。

① 宽度：相对于原画笔宽度调整图稿的宽度。

② 画笔缩放选项：选择"按比例缩放"，可以使画笔在拉长或缩短时保持原有的比例；选择"伸展以适合描边长度"，可以在保持宽度不变的基础上，拉伸长度以适合路径；选择"在参考线之间伸展"，可在下方的起点或终点处设置可缩放部分的起始位置，或者通过拖动缩览图中虚线的位置来调整可缩放部分的起始位置。

③ 方向：决定图形的描边端点相对于路径的方向，可单击相应的箭头按钮来设置。

④ 选项：可选择横向翻转或纵向翻转改变图形相对于路径的方向。

⑤ 重叠：是否调整边角和褶皱部分的图形样式以防止重叠。

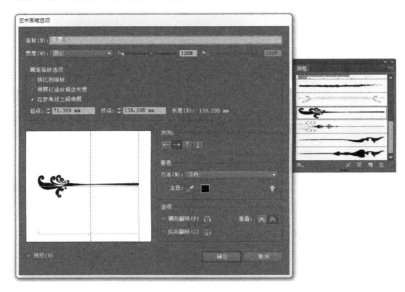

图 12-31　艺术画笔选项

12.2.3　画笔库

画笔库包含了 Illustrator 软件提供的多组预设画笔，执行"窗口→画笔库"命令，即可从其子菜单中选择一个画笔库，或直接从"画笔"面板下方打开画笔库。如图 12-32 所示。

图 12-32　打开画笔库

12.2.4　创建和修改画笔

1．创建画笔

单击"画笔"面板中的"新建画笔"按钮或将所选图形拖到"画笔"面板中，选择要创建的画笔类型，单击"确定"按钮，在"画笔选项"对话框中，设置各选项，然后单击"确定"即可。如图 12-33 所示。

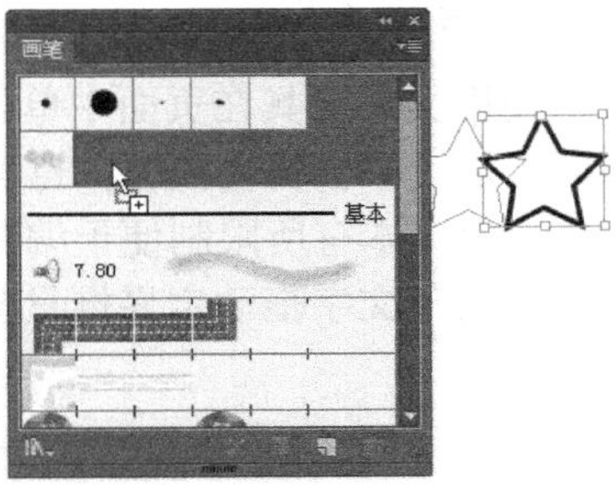

图 12-33　拖入图形新建画笔

2．修改画笔

若要更改画笔选项，双击"画笔"面板中的画笔，在弹出的对话框中设置画笔选项，然后单击"确定"按钮。若当前文档包含用修改的画笔绘制的路径，则会出现一个提示框，要求选择是"应用于描边"还是"保留描边"。如图 12-34 所示。

图 12-34　修改画笔

如果选择"应用于描边"，可连同修改以前描边效果一起修改；如果选择"保留描边"，则保留原来的描边效果，仅将修改过的画笔应用于新描边。

在 Illustrator 中，用户可以根据自己的需要来创建新的画笔和修改已有的画笔。创建画笔应遵循以下原则：

（1）散点画笔、图案画笔和艺术画笔，必须先创建图稿，才能进行其他操作。

（2）艺术画笔和图案画笔，图稿中不能包含文字。若要实现包含文字的画笔描边，应先创建文字轮廓，再用该轮廓创建画笔。

（3）艺术画笔、散点画笔和图案画笔，图稿中不能包含链接图像。若要实现包含图像的画笔描边，应先将图像嵌入，再创建画笔。

（4）在设置图案画笔选项前，必须要将所使用的图案拼贴添加到"色板"面板中。

12.3　文字的编辑

在 Illustrator CC 软件中，提供了多种与文字相关的操作工具，可以创建不同形式的文字。在创建完文字以后，还可以对这些文字的相关属性进行设置，设计出适合各种图形要求的文字形式。

12.3.1　创建文字对象

在 Illustrator CC 软件中，共包括 6 种创建文字的工具，下面分别对其进行讲解。

1．文字工具

使用文字工具在页面中单击并输入文字，可以创建独立的点文字，随着文字的不断输入而不断扩展，不会自动换行；也可以在页面中按住鼠标左键，拖出一个文本框，完成段落文字的输入，使文本有所限制便于编辑，而且能够自动换行。点文字可以直接拖动定界框更改文字大小，而段落文字拖动定界框只能更改文字的排列，无法改变文字大小。如图 12-35 所示。

图 12-35　点文字与段落文字

2．区域文字工具

区域文字工具用于在开放或封闭路径内创建文字；该路径必须是一个非复合、非蒙版的路径。使用该工具时，将鼠标指针放到路径附近，当鼠标指针变成时单击，即可在该路径形状限制的区域内输入文字，填充颜色和描边色消失。如图 12-36 所示。

3．路径文字工具

路径文字工具可将文字沿指定的路径进行排列。使用该工具在路径上单击，当鼠标指针变为时，即可在该路径上输入文字，文字将自动按照文字方向排列，填充颜色和描边色消失。如图 12-37 所示。

图 12-36　区域文字　　　　　　　　　　　　图 12-37　路径文字

4．直排文字工具、直排区域文字工具、直排路径文字工具

以上 3 种文字工具都是横排编辑方式，若要对文字进行垂直排版就要用直排文字工具、直排区域文字工具和直排路径文字工具。它们的使用方式与前 3 种相互对应，用法基本相同。如图 12-38 所示。

5．修饰文字工具

修饰文字工具是 Illustrator CC 软件最新的功能。它可以创造性地处理文本，每个字符都可以可单独进行移动、缩放或旋转。如图 12-39 所示。

图 12-38　3 种直排文字类型

图 12-39　修饰文字工具

12.3.2　设置文字格式

在 Illustrator CC 软件中，设置文字格式最常用到的是"字符"面板和"段落"面板。

1．字符面板

字符面板用来更改字符属性，包括文字大小、行距、基线偏移、下划线等字符属性。可在工具属性栏中单击"字符"选项，或执行"窗口→文字→字符"命令，可以打开"字符"面板。如图 12-40 所示。

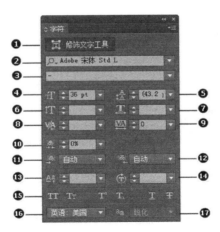

图 12-40　"字符"面板

编　号	名　称	说　明
①	修饰文字工具	点击修饰文字工具按钮，可以对当前文字的大小、旋转、位置进行逐一修改
②	设置字体	在下拉列表中选择所需的字体，也可在文本框内滚动鼠标选取字体
③	设置字体样式	设置字体样式，如 Regular、Narrow、Italic、Bold、Bold Italic 、Black
④	设置字体大小	设置字体大小，该值在 0.1～1296 之间
⑤	设置行距	设置字符之间的行间距
⑥	垂直缩放	设置文字垂直缩放百分比

续表

编　号	名　　称	说　　明
⑦	水平缩放	设置文字水平缩放百分比
⑧	字距微调	设置两个字符之间的相互穿插距离
⑨	字距调整	设置文字的宽度与字距间的比例，随着字号的大小相应改变
⑩	比例间距	调整文字本身的宽度与字符之间的距离比例
⑪	插入空格（左）	用于在字符左侧插入空格
⑫	插入空格（右）	用于在字符右侧插入空格
⑬	设置基线偏移	设置输入文字的基线偏移
⑭	字符旋转	设置字符的旋转角度
⑮	字符样式	用于给字符添加各种样式
⑯	语言	选择文字编排方式以哪种语言为标准
⑰	设置消除锯齿方法	设置文字消除锯齿的方法，包括无、锐化、明晰和强4种方式

2．段落面板

段落面板用来设置文本段落的属性，包括对齐、缩进、连字、间距等属性。可在工具属性栏中单击"段落"选项，或执行"窗口→文字→段落"命令，可以打开"段落"面板。如图 12-41 所示。

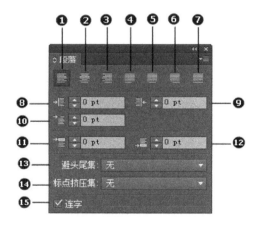

图 12-41　"段落"面板

编　号	名　　称	说　　明
①	左对齐	设置段落向左端对齐
②	居中对齐	设置段落向中间对齐
③	右对齐	设置段落向右端对齐
④	两端对齐，末行左对齐	设置段落的两端对齐，同时段落的末行向左端对齐
⑤	两端对齐，末行居中对齐	设置段落的两端对齐，同时段落的末行向中间对齐
⑥	两端对齐，末行右对齐	设置段落的两端对齐，同时段落的末行向右端对齐
⑦	全部两端对齐	设置段落的两端全部进行对齐
⑧	左缩进	设置段落的左缩进值
⑨	右缩进	设置段落的右缩进值
⑩	首行左缩进	设置段落首行文字的左缩进值

续表

编　号	名　称	说　明
⑪	段前间距	调整各个段落之间的上边距间隔
⑫	断后间距	调整各个段落之间的下边距间隔
⑬	避头尾集	通过下拉列表调整某些字符或标点不能位于行首、行尾或断开
⑭	标点挤压集	设置标点的间距设置来控制段落头尾的位置
⑮	连字	设置段落为连字的形式

12.3.3　文字的基本操作

输入文字以后，除了可以通过"字符"面板和"段落"面板对文字的相关属性进行设置外，还可以应用一些操作命令编辑文字的属性和状态。

1．串接文本

串接文本是像编组一样，将文本从一个区域连接到另外一个区域，文字可以在这两个区域内流动。要串接文本，首先要创建两个以上的文本框，完成后选择文本并执行"文字→串接文本→创建"命令，即可将这些文本创建在一起。如图 12-42 所示。

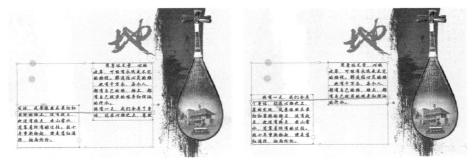

图 12-42　串接文本的流动

要释放文本，则选中一个文本框并执行"文字→串接文本→释放所选文字"命令，即可将文本释放，释放后的文本将移至相邻的文本框中，此时文本框右下角将显示文本溢流图标 ⊞，可拖动文本框大小以查看文字。若执行"文字→串接文本→移去串接文字"命令，即可取消所选文本的串接状态，重新变为两个独立的文本框。如图 12-43 所示。

图 12-43　释放所选文字和移去串接文字的不同

2．创建轮廓

Illustrator CC 可以通过将文本转换为轮廓后，对文字路径进行更多地编辑。选中文字后，执行"文字→创建轮廓"命令，或右键单击文字，在弹出的快捷菜单中选择"创建轮廓"命令即可。创建轮廓文字后，取消群组，就可以对单独的文字或笔画进行处理。如图 12-44 所示。

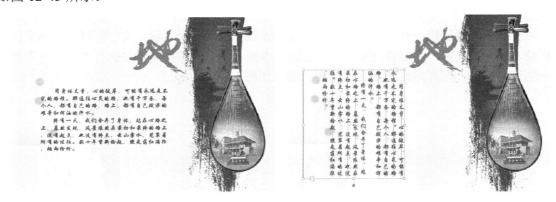

图 12-44　对轮廓文字的修改

3．文字方向

利用"文字方向"命令可以方便的更改所选文本的方向，而无须重新输入文字。执行"文字→文字方向"命令，在弹出的子菜单中选择"水平"或"垂直"，即可调整文字方向。如图 12-45 所示。

图 12-45　调整文字方向

4．文本绕排

"文本绕排"命令可以将文本绕排在任何对象周围，其中包括文字对象、导入对象以及在 Illustrator CC 中绘制的对象。选中文字和其他对象，执行"对象→文本绕排→建立"命令即可。执行"对象→文本绕排→释放"命令，就可以恢复独立的文字和图形。如图 12-46 所示。

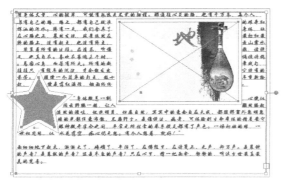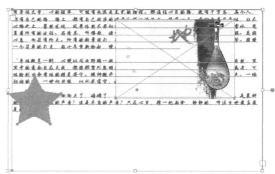

图 12-46　建立和释放文本绕排

12.4　符号

12.4.1　符号工具

符号是在文档中可重复使用的图形对象。它能够方便、快捷地生成相似的图形对象，并调整和修饰符号图形的大小、距离、色彩、样式等，可以节省制作的时间并减小文件的大小。在 Illustrator CC 的符号工具组中，包含了 8 种符号工具，使用不同的符号工具，可以制作出不同的符号效果。

图　例	名　称	说　明
	符号喷枪工具	选择一个符号后，使用符号喷枪工具点击或按住鼠标左键拖动，可创建多个相同的符号图形。如果选中符号后，按住 Alt 键点击，可以删除符号
	符号移位器工具	选中所需移动的符号，使用符号位移工具，按住鼠标左键并拖动，即可调整其位置
	符号紧缩器工具	使用符号紧缩器工具，点击需要调整的符号，即可缩小符号的密度；点击时按住 Alt 键，可扩展符号之间的距离
	符号缩放器工具	使用符号缩放器工具，单击符号，即可放大符号；单击时按住 Alt 键，可缩小符号
	符号旋转器工具	使用符号旋转器工具，单击需要调整的符号，拖动至旋转箭头，即可按照指定的方向旋转符号
	符号着色器工具	使用符号着色器工具，可以改变符号的颜色，单击的次数越多，注入符号的色彩越多。单击时按住 Alt 键，可逐渐恢复原来符号的色彩
	符号滤色器工具	使用符号滤色器工具，可以改变符号的透明度，单击的次数越多，符号越透明。单击时按住 Alt 键，可逐渐恢复原来符号的透明度
	符号样式器工具	使用符号样式器工具并结合"图形样式"面板功能，可以将指定的图形样式应用到指定的符号中去。选择符号之后，在"图形样式"面板中选择一款图形样式，然后选择符号样式器工具，单击符号即可。单击时按住 Alt 键，可逐渐恢复原来符号的样式

12.4.2　"符号"面板

"符号"面板可以对符号进行管理，面板中包含了多种预设符号，除此之外，还可以在该面板中创建自定义符号，同时还可以对这些符号进行复制、删除、替换和修改等操作。

1．创建符号

在 Illustrator CC 中，执行"窗口→符号"命令，可打开"符号"面板，选择其中一种符号，然后单击面板下方的置入按钮，即可在画板中显示该符号。也可直接将所选符号拖入到画板的合适位置。

如果需要更多的符号供选择，可单击"符号"面板左下角的"符号库菜单"按钮，在打开的符号列表中，选择合适的符号并单击，此时该符号会进入到"符号"面板中，然后再单击置入按钮即可。也可以直接从符号列表中将所需符号拖至面板上。

当符号库中也没有自己所需的符号时，可以自己定义新的符号。选中所要定义的图形，，在"符号"面板的下拉菜单中，选择"新建符号"命令，或者单击"符号"面板右下方的"新建符号"按钮 ，打开"符号选项"对话框，设置好以后单击"确定"按钮，即可新建此图形为符号。此时，"符号"面板中就会显示出刚刚创建的新符号。如图 12-47 所示。

图 12-47　自定义符号

2．编辑符号

在"符号"面板中，除了可以创建新符号外，还可对符号进行复制、删除、替换和修改等操作。

复制符号的方法为，在"符号"面板中，选择一款符号，打开面板的下拉菜单中选择"复制符号"命令即可；也可以选中所要复制的符号后，拖动符号至面板下方的"新建符号"按钮 ，就可以直接复制出该符号。

删除符号的方法为，在"符号"面板中，选择一款符号，打开面板的下拉菜单选择"删除符号"命令即可；也可以选中所要删除的符号后，拖动符号至面板下方的"删除符号"按钮 ，就可以直接删除该符号。

替换符号的方法为，先在画板中选择所要被替换的符号，然后在"符号"面板中，选择替换符号，打开面板的下拉菜单选择"替换符号"命令即可。

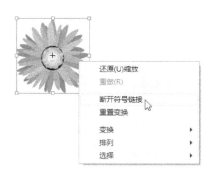

在编辑符号时，如果不再需要更改符号图形时，可以断开图形和符号样式的链接。断开链接后，这些符号将成为独立的图形，可以自由地进行编辑修改。断开链接的方法有两种，一是选中要断开的链接符号，单击鼠标右键，选择"断开链接"命令即可；二是选中符号后，在"符号"面板的下拉菜单中，选择"断开符号链接"命令。如图 12-48 所示。

图 12-48　断开符号链接

12.5　实战演练

1．实战效果

制作一幅简洁 POP 广告图，效果图如图 12-49 所示。

2．制作要求

（1）掌握画笔的设置与定义。

（2）熟练掌握文本的编辑方式。

3．操作提示

（1）新建一个纵向、CMKY 模式、A4 大小的文档，保存名称为"铅笔 POP.ai"。

（2）执行"视图→显示网格"命令和"视图→对齐网格"命令。

（3）在网格线上画一个 8×2 纵向矩形，用钢笔工具在矩形上方中心部位加一个锚点，向上拖曳至上端格子的顶端，填充浅黄色为 CM26Y85K，无描边色。用同样的方法画左侧的尖角矩形，填充深黄色为 CM50Y100K，无描边色。用镜像工具垂直复制右侧的尖角矩形，组成铅笔的笔杆部分。如图 12-50 所示。

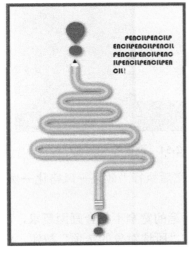

图 12-49　铅笔 POP 广告

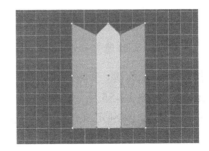

图 12-50　制作笔杆部分

（4）在网格线上画一个 2×6 的横向矩形，用钢笔工具在矩形上方中心部位加一个锚点，向上拖拉 5 个格子，填充颜色为 CM10Y9K，无描边色。将其叠放在刚才绘制的笔杆下方。如图 12-51 所示。

（5）复制一个笔尖的形状，画一个半径为 3 个格子的黑色正圆，圆心放在笔尖的顶点上，选中两个图形，使用路径查找器的"交集"，得到黑色铅笔芯的形状。如图 12-52 所示。

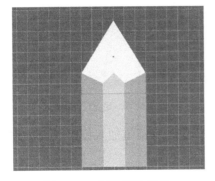

图 12-51　制作笔尖部分

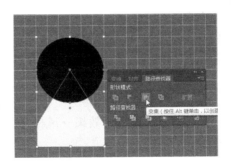

图 12-52　制作笔芯部分

（6）在网格线上画 2 个 1×6 的横向矩形，颜色分别为 C0M0Y0K60 和 C0M0Y0K10，复制排列作为橡皮头的金属部分。再画 1 个 3×6 的圆角矩形，颜色为 C5M47Y33K0，当做橡皮。将所有部分排列并编组。如图 12-53 所示。

（7）选中铅笔组，在"画笔"对话框的下拉菜单中，选择"新建画笔→艺术画笔"，确定后，出现"艺术画笔选项"对话框。在"画笔缩放选项"中，选择"在参考线之间伸展"，将起点和终点的虚线拖至笔杆黄色的位置，确定即可。如图 12-54 所示。

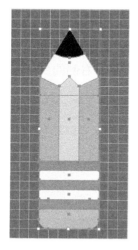

图 12-53　制作笔尖部分

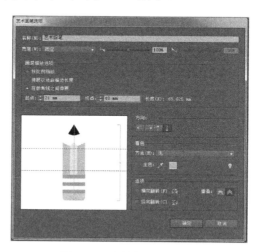

图 12-54　设置艺术画笔

（8）按住"Shift"键，用钢笔工具画直角路径。画完后执行"效果→风格化→圆角"命令，半径为 12mm。如图 12-55 所示。

（9）将路径赋予刚刚定义的艺术画笔。如果艺术画笔的宽窄不符合画面要求，可以在"画笔"面板中，选择刚刚定义的艺术画笔，点击面板下方"所选对象的选项"按钮，出现"描边选项（艺术画笔）"对话框，将大小调整为"50%"左右即可。如图 12-56 所示。

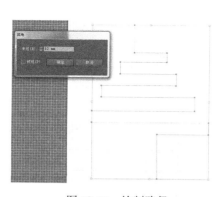

图 12-55　绘制路径

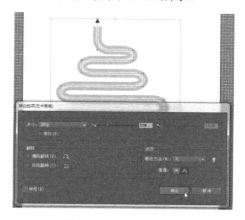

图 12-56　定义艺术画笔

（10）选中路径，执行"效果→风格化→投影"命令，为铅笔加入投影，增加立体感。如图 12-57 所示。

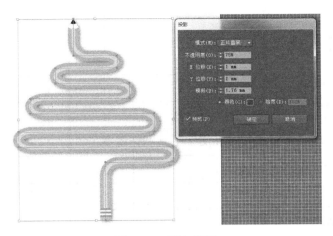

图 12-57　添加投影

（11）输入点文字"！"和"？"，颜色为 CM100Y100K，执行"效果→风格化→投影"命令。再输入一段文字，颜色为黑色，调整文字大小间距等。如图 12-58 所示。

（12）最后加上底色，填充颜色为 C10M0Y10K5，描边颜色为 C15M100Y90K10 即可。如图 12-59 所示。

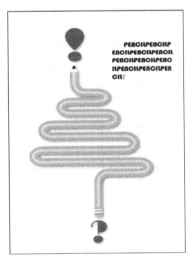

图 12-58　添加文字效果

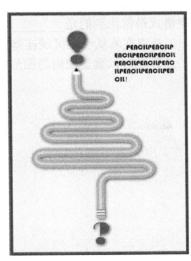

图 12-59　最终效果图

12.6　本章小结与重点回顾

本章主要介绍了 Illustrator CC 中的画笔工具，通过本章的学习使读者掌握 Illustrator CC 中画笔工具的使用，以及自定义各种类型的画笔；还讲解了文字工具的使用，如何更改文字的属性设置。这些内容都必须在设计的过程中不断设计和尝试才能够熟练掌握。

本章重点

- 了解 Illustrator CC 的画笔类型
- 掌握如何自定义不同类型的画笔
- 了解文字的属性设置
- 学会利用区域文字工具与路径文字工具制作图案
- 符号的创建与编辑

习题 12

一、填空题

1. 画笔的类型主要包括_____、_____、_____、_____、_____。
2. _____工具是 Illustrator CC 软件中文字工具的最新功能。
3. 设置文字格式最常用到的是_____面板和_____面板。
4. _____工具将文本从一个区域连接到另外一个区域，文字可以在这两个区域内流动。
5. _____工具是可以重复使用的图形对象，它能方便、快捷地生成相似的图形对象。

第 13 章

Illustrator CC 的蒙版、混合对象与封套

内容导读

在 Illustrator CC 绘制图形的过程中，一些精细或复杂的图形，需要用到例如蒙版、混合对象、封套等工具对图形进行操作，这些工具是对图形对象编辑的一种高级形式，也是矢量绘图中非常有特色的工具，使用这些命令，可以方便地创造出不同形状的图形。本章将详细介绍这些工具的使用方法，同时通过相关知识的实例来快速地掌握工具的应用和操作技巧。

13.1　招贴制作

13.1.1　案例综述

本案例为制作一幅招贴画。在这个案例中，加入了蒙版、混合对象、封套的综合应用。效果如图 13-1 所示。

13.1.2　案例分析

在制作过程中，本案例主要应用到了以下制作方法：
（1）利用剪切蒙版制作人体上的花纹图案。
（2）利用混合对象制作底纹上的线条组。
（3）利用封套变形制作文字变形效果。

图 13-1　招贴画效果

13.1.3　实现步骤

（1）新建一个 A4 大小、横向、CMKY 模式的文档，保存名称为"购物节.ai"。

（2）画一个与页面等大的矩形，填充径向渐变，作为底图。再画一个小的矩形，用 C0M100K0Y0 填充从不透明度 10 到不透明度 100 的径向渐变。如图 13-2 所示。

（3）打开素材所提供的文档"花纹.ai"和"人物.ai"。复制人物到花纹页面上，人物图层必须在花纹图层上方。同时选中人物和花纹，执行"对象→剪切蒙版→建立"命令，将花纹图案剪切入人物轮廓中。为了更加清晰，在图层中选择剪贴路径，将描边色设置为 C75M100K0Y0。如图 13-3 所示。

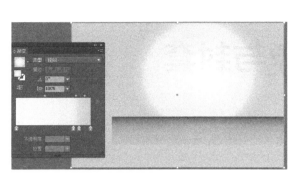

图 13-2　绘制底图　　　　　　　　　　　　　　图 13-3　用剪切蒙版制作花纹

（4）将做好的人物编组后，复制到"购物节"文档中，调整位置及大小。如图 13-4 所示。

（5）用钢笔工具画出一组弧形路径。其中一条颜色为 C20M85K0Y0，另一条颜色为 C80M80K0Y0。执行"对象→混合→混合选项"命令，将"间距"设置为指定的步数 20 步。用混合工具 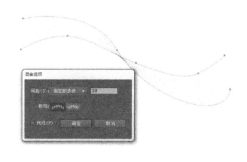 分别点击这两条线，得到它们的混合效果。同样再画出另外一组混合路径。如图 13-5 所示。

图 13-4　修改路径的描边色　　　　　　　　　　　图 13-5　混合路径

（6）用矩形工具画一个与页面等大的矩形，选中两条混合路径与矩形，右击，在打开的快捷菜单中选择"建立剪切蒙版"，去除条带多余的部分。如图 13-6 所示。

（7）用圆角矩形工具、椭圆工具、钢笔工具分别画出不同的形状，填充白色，在描边设置里，将画笔定义为画笔库中的"边框→边框_虚线→虚线 1.1"，颜色为黑色。用文字工具输入数值，在图形上方。颜色为黑色和 C0M100K100Y0。如图 13-7 所示。

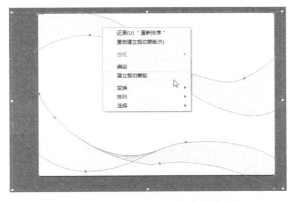

图 13-6　混合路径建立剪切蒙版

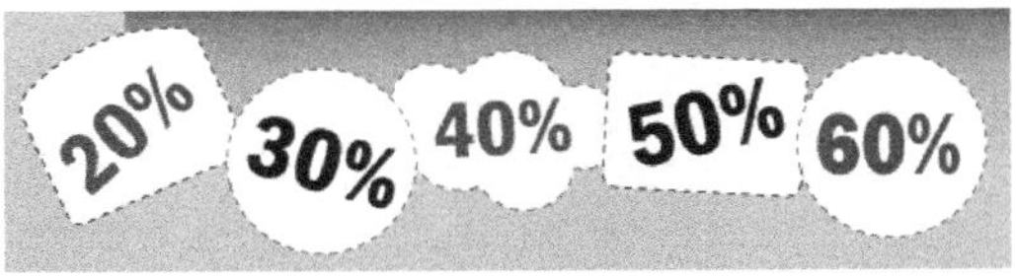

图 13-7　添加形状与文字

（8）用文字工具输入"ON SALE"，颜色设置为 C15M100K90Y10。执行"对象→封套扭曲→用变形建立"命令，样式为"上弧形"，水平弯曲 50%。如图 13-8 所示。

（9）将变形文字调整大小和方向，执行"效果→风格化→投影"命令。如图 13-9 所示。

图 13-8　将文字进行封套变形

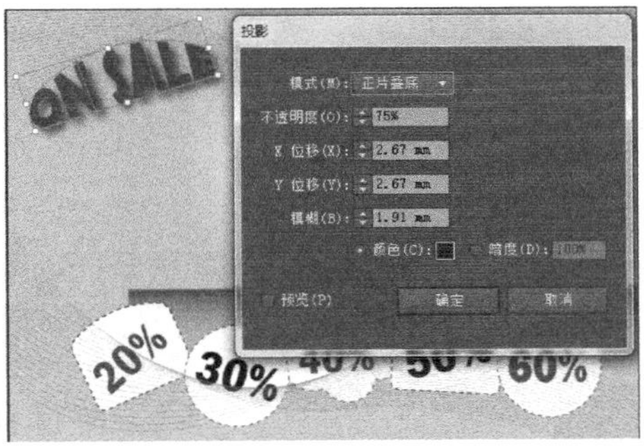

图 13-9　给文字加上投影

（10）加入符号库中的"矢量污点"，并在合适的位置用光晕工具加上光晕即可。

13.2　蒙版的使用

在 Illustrator 软件中，蒙版用于显示或隐藏图像中的某些部分，主要是通过一个图形对象的轮廓控制另一个图形对象的范围。蒙版包括剪切蒙版和不透明蒙版两种形式。

13.2.1　剪切蒙版

剪切蒙版是一个可以用自身形状遮盖其他图形的形状，因此使用剪切蒙版，只能看到蒙版形状内的区域。剪切蒙版和遮盖的对象称为剪切组。

图形图像处理（Photoshop CC + Illustrator CC）

　　剪切蒙版的建立，可以是两个或多个对象。其建立的方法是，同时选中多个对象后，执行"对象→剪切蒙版→建立"命令，即可建立。如图 13-10 所示。

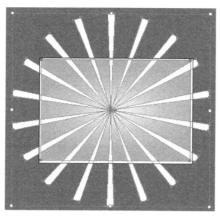

图 13-10　建立剪切蒙版

　　当建立剪切蒙版后，还可以对其中的图形进行编辑。执行"对象→剪切蒙版→编辑内容"命令，即可对被遮盖的对象进行编辑。如图 13-11 所示。

图 13-11　建立剪切蒙版方式 1

　　另外一种建立剪切蒙版的方式为，选中图形对象后，在"透明度"面板中选择"制作蒙版"，再点击右侧的蒙版缩览图，在文档适合的位置中绘制任意图形即可。如图 13-12 所示。

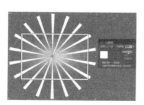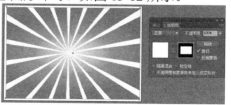

图 13-12　建立剪切蒙版方式 2

　　如果需要在已经建立剪切蒙版后，新加入其他的剪切图形，只需在图层面板中，将新的图形层拖入到剪切组的剪切路径层下方即可。如图 13-13 所示。

　　当建立剪切蒙版后，如果想回到原来的图形效果，只需选中剪切组，执行"对象→剪切蒙版→释放"命令，即可释放剪切蒙版。但是，作为剪切蒙版的蒙版对象无论先前的属性如何，都会变成一个无填色无描边的对象。如图 13-14 所示。

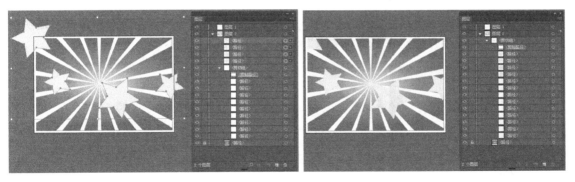

图 13-13　加入新的剪切图层

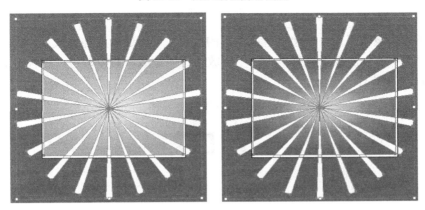

图 13-14　建立剪切蒙版之前和释放剪切蒙版之后

> **注**
>
> 当为多个图形添加一个剪切蒙版时，剪切蒙版要位于所有被剪切图形的最上方。

13.2.2　不透明蒙板

不透明蒙版和剪切蒙版相同，都是用来控制图形对象的显示范围。但是，不透明蒙版在控制对象显示范围的基础上，还能控制显示对象的不透明度效果。

创建不透明蒙版的方法为，选中需要蒙版的图形，在"透明度"面板的下拉菜单中，选择"建立不透明蒙版"命令，再单击面板右侧蒙版缩览图，用绘图工具在蒙版上绘制任意图形，填充颜色即可。如图 13-15 所示。

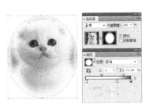

图 13-15　建立不透明蒙版方式 1

还可以先在对象上方绘制图形，确定好色彩位置后，同时选中这两个对象，在"透明度"面板的下拉菜单中选择"建立不透明蒙版"即可。如图 13-16 所示。

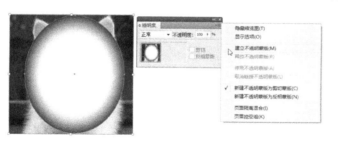

图 13-16　建立不透明蒙版方式 2

当创建不透明蒙版以后，要想查看原图形的效果，可以通过两种方式。一种是选中不透明蒙版，执行"透明度"面板下拉菜单中的"释放不透明蒙版"命令即可，这种方式会永久性删除不透明蒙版。如图 13-17 所示。

图 13-17　释放不透明蒙版

另一种是选中不透明蒙版后，执行"透明度"面板下拉菜单中的"停用不透明蒙版"命令即可，或按住 Shift 键单击蒙版缩览图，这种方式可以临时停用或启用不透明蒙版。如图 13-18 所示。

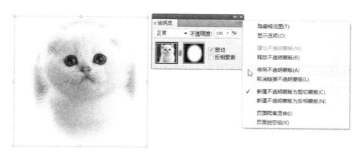

图 13-18　停用不透明蒙版

在不透明蒙版中，当不透明蒙版为白色时，则会完全显示图稿；当不透明蒙版为黑色时，则会完全隐藏图稿；不透明蒙版中的灰阶则呈现出不同程度的透明度。

注

　　无论是矢量对象还是栅格对象均能够作为被蒙版对象。

13.3　混合对象

13.3.1　创建混合对象

　　"混合工具"可以创建过渡形状，并在两个对象之间进行平均分布；也可以在两个开放路径之间进行混合，创建平滑的过渡；还可以把不同的颜色进行过渡。对于不同图形对象之间的颜色、形状、不透明度等混合效果的制作，可以通过"混合工具" 或通过菜单栏中的建立混合命令两种方法来实现。

　　当文档中存在多个不同颜色、不同形状的图形时，同时选中这些对象，执行"对象→混合→建立"命令，即可得到颜色与形状的混合。如图 13-19 所示。

　　如果使用"混合工具"创建混合效果，无论文档中的图形是否被选中，只要单击一个图形对象后，再单击另一个图形对象，即可创建混合效果。如图 13-20 所示。

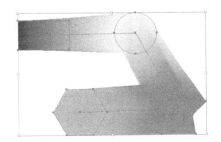 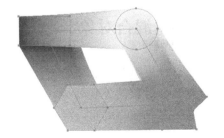

图 13-19　使用菜单命令创建混合　　　　图 13-20　使用混合工具创建混合

　　使用"混合工具"创建混合效果时，如果在图形路径的不同锚点处单击，会得到不同的混合效果。首先选中这两个图形对象，使其显示出路径上的锚点，然后使用混合工具在其中一个图形路径的锚点上单击，再单击另一个图形路径的锚点。分别点击不同图形的不同锚点，得到的混合效果也不完全相同。如图 13-21 所示。

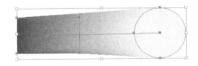 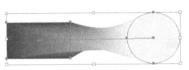

图 13-21　点击不同锚点得到的混合效果不同

　　双击工具箱中的混合工具，打开"混合选项"对话框，可以根据不同的需要进行设置。如图 13-22 所示。

图 13-22 混合选项对话框

"混合选项"对话框中各个选项的含义解释如下：

（1）平滑颜色：让 Illustrator 自动计算混合的步骤数量，使两个对象之间实现颜色平滑过渡的最佳效果。

（2）指定的步骤：用来指定两个对象之间从混合开始到混合结束之间的步骤数量。

（3）指定的距离：用来指定两个对象混合步骤之间的具体距离。

（4）对齐页面：使混合对象垂直于页面的 x 轴。

（5）对齐路径：使混合对象垂直于路径。如图 13-23 所示。

图 13-23 对齐页面混合与对齐路径混合的差别

在两个图形之间创建混合时，无论首先单击哪一个图形，得到的混合效果是一样的。

13.3.2 编辑混合对象

混合轴是混合对象中图形对齐的路径。在默认的情况下，混合轴为一条直线，混合轴的更改，也能够改变混合对象的外观效果。使用"直接选择工具"，选择混合对象的混合轴，单击并拖动锚点，改变混合轴的走向，混合对象的外观也随之发生变化。如图 13-24 所示。

图 13-24 改变混合轴的走向

1．替换混合轴

如果想按照现有路径的形状改变混合轴，虽然可以通过调整混合轴的方法实现，但是操作复杂繁琐，不一定能够达到现有路径的原貌再现。这时可以通过"替换混合轴"命令来置换调整。同时选中混合对象与路径，执行"对象→混合→替换混合轴"命令，即可将混合轴路径替换为新的路径对象。如图 13-25 所示。

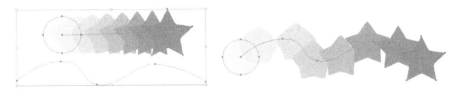

图 13-25　替换混合轴

2．反向混合轴

　　想要颠倒混合轴上的混合顺序，首先选择混合对象，然后执行"对象→混合→反向混合轴"命令，即可更改混合对象中两个图形对象的位置。如图 13-26 所示。

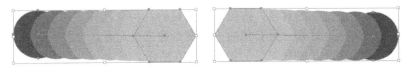

图 13-26　反向混合轴

3．反向堆叠

　　想要颠倒混合对象的上下层次顺序，首先选择混合对象，然后执行"对象→混合→反向堆叠"命令，即可反转混合对象中两个图形对象的上下位置。如图 13-27 所示。

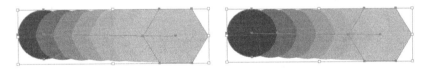

图 13-27　反向堆叠

13.3.3　释放和扩展混合对象

　　"释放"和"扩展"混合对象，虽然都是对混合对象的一种分解，但是两者的效果完全不同。

　　"释放"混合对象可以完全还原图形对象，执行"对象→混合→释放"命令后，除了得到原本的图形对象外，还会多出一个混合轴路径对象。如图 13-28 所示。

　　"扩展"混合对象则会将混合对象打散，分割成一系列颜色和外形都逐渐发生变化的图形，执行"对象→混合→扩展"命令后，只有多个图形对象，没有混合轴路径对象。如图 13-29 所示。

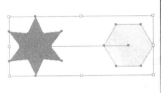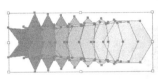

图 13-28　释放混合对象　　　　　　　　　　图 13-29　扩展混合对象

13.4　封套扭曲

13.4.1　创建封套

封套是 Illustrator CC 对图形对象的外形进行扭曲处理的一种功能，就是将某一形状应用到另外一个形状中，并对该形状进行适应变形。Illustrator CC 提供了三种创建封套扭曲的方式，分别是变形封套、网格封套和用顶层对象建立封套。

1. 变形封套

变形封套会把要变形的图形对象，按照系统预设的几种变形样式进行变形扭曲。先选中所要变形的图形，然后执行"对象→封套扭曲→用变形建立"命令，在打开的"变形选项"对话框中，选择变形样式并设置好参数即可。如图 13-30 所示。

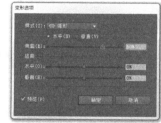

图 13-30　变形封套

"变形选项"对话框中各项含义解释如下：
- 样式：用于设置对象的变形样式。
- 水平/垂直：用于设置对象在 X、Y 哪个轴上变形。
- 弯曲：用于设置变形对象的弯曲程度。
- 扭曲：用于设置水平和垂直扭曲的程度。

2. 网格封套

网格封套对要变形的图形对象赋予网格，通过修改网格上的线和锚点进行扭曲变形。先选中所要变形的图形，然后执行"对象→封套扭曲→用网格建立"命令，在打开的"封套网格"对话框中，设置网格的行数和列数，创建相应的网格，然后再用直接选择工具或转换锚点工具对网格线和锚点进行编辑。如图 13-31 所示。

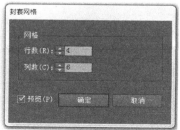

图 13-31　网格封套

还可以直接在图形上用网格工具添加网格封套并进行相应的操作。

3．用顶层对象建立封套

用顶层对象建立封套是将要变形的图形对象，按照上层的图形对象外形进行扭曲变形。先选中所要变形的图形和最上层图形对象，然后执行"对象→封套扭曲→用顶层对象建立"命令，即可完成操作。如图 13-32 所示。

图 13-32　顶层对象封套

从约束底层图形外观上看，有些时候用顶层对象建立封套命令和蒙版命令具有相似之处。但是用顶层对象建立封套不需要像蒙版那样必须放在图案上方相对应的位置，顶层对象放在任意位置都可以。用顶层对象建立封套是通过扭曲变形以符合上层形状，而蒙版是通过遮挡上层图形以外的部分来实现的。如图 13-33 所示。

图 13-33　图形建立剪切蒙版和使用用顶层对象建立封套的区别

顶层对象必须是单个路径或网格符号，不可以是复合路径，否则将无法创建封套。

13.4.2　编辑封套

图 13-34　使用直接选择工具编辑封套

当创建好封套之后，可以对封套进行编辑。通常使用直接选择工具和转换锚点工具进行编辑。如图 13-34 所示。

也可以根据需要，将 3 种封套方法互相转换使用。比如，将已经做好的顶层对象封套图形转换为网格封套图形。先选中顶层对象封套图形，执行"对象→封套扭曲→用网格重置"命令，就可以将恢复原图形并加入网格再进行调整。同理，可对不同的封套方式进行互换。如图 13-35 所示。

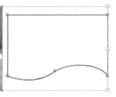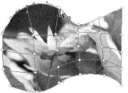

图 13-35　将顶层对象封套图形变为网格封套图形

13.4.3　释放和扩展封套

如果想把已有的封套移除，可以先选取要移除封套的对象，执行"对象→封套扭曲→释放"命令，就可以移除封套。释放后的封套对象包含两个部分，一个是原始图形，另一个是用来变形的封套。如图 13-36 所示。

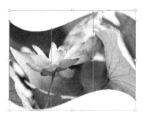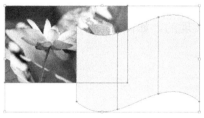

图 13-36　释放封套

释放封套后，图形就会变回原样，如果想在保持现有形状的基础上删除封套，可以执行"对象→封套扭曲→扩展"命令即可。如图 13-37 所示。

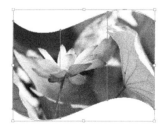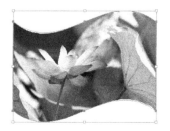

图 13-37　扩展封套

13.5　实战演练

1．实战效果

制作一幅音乐节招贴，效果如图 13-38 所示。

图 13-38　音乐节招贴效果图

2．制作要求

（1）熟练应用蒙版的制作方法。

（2）能够利用各种封套的形式对图形进行扭曲变形。

（3）掌握混合对象的创建和释放。

3．操作提示

（1）新建一个 A4 大小、横向、CMKY 模式的文档，保存名称为"音乐节.ai"。

（2）新建一个矩形，用色板库中的"渐变→色谱→色谱"填充。执行"对象→封套扭曲→用变形建立"命令，打开"变形选项"对话框，样式选择"弧形"，水平弯曲 100%。如图 13-39 所示。

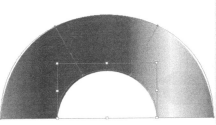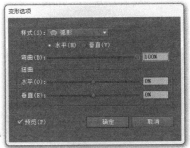

图 13-39　制作弧形渐变

（3）因为当前的渐变和光盘实际渐变的效果不符，所以还要对它进行修改。选中渐变弧形，执行"对象→封套扭曲→封套选项"命令，勾选"扭曲线性渐变填充"选项，使渐变方向随图形的变形而变化。如图 13-40 所示。

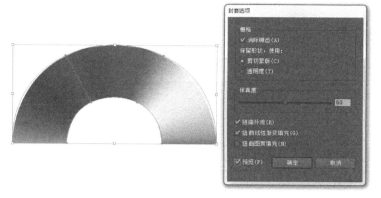

图 13-40　扭曲线性渐变填充

（4）选择弧形，选择"镜像"工具，回车后，在水平轴上对称复制一个弧形，拼接成一个完整的环形。如图 13-41 所示。

（5）新建一个比渐变圆形大一些的正圆，用色板库中的"渐变→金属→钢"填充。执行"效果→风格化→投影"命令，加入阴影效果。如图 13-42 所示。

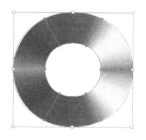 

图 13-41　镜像复制渐变填充　　　　图 13-42　制作渐变外圈的圆形

（6）在大圆内部新建一个小的正圆，中心对齐，选中两个圆形，在"路径查找器"面板上选择"减去顶层"，变成一个环形。如图 13-43 所示。

（7）沿光盘渐变部分的外圈和内圈绘制两个正圆，选中两个圆形，在"路径查找器"面板上选择"减去顶层"，变成一个环形。如图 13-44 所示。

 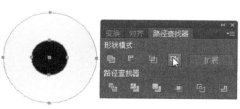 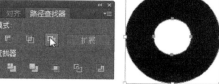

图 13-43　光盘效果　　　　　　　　图 13-44　制作环形蒙版

（8）去掉环形的填充色和描边色，复制到文档"音符.ai"，放在音符的合适位置，选中所有图形，单击鼠标右键，在打开的快捷菜单中选择"建立剪切蒙版"。如图 13-45 所示。

（9）再把剪切后的音符复制"Ctrl+C"粘贴"Ctrl+V"到文档"音乐节.ai"中，置于光盘渐变部分的位置上，如图 13-46 所示。

图 13-45　给音符建立剪切蒙版的效果　　　　图 13-46　加入音符后的效果

（10）用钢笔工具绘制两条弯曲的路径，在"混合选项"中选择指定的步数为 3，取向为"对齐路径"，得到"五线谱"效果。如图 13-47 所示。

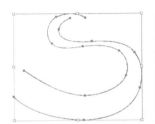
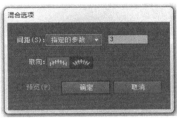

图 13-47　制作五线谱效果

点击两条路径不同的位置，会得到不同的效果，可多尝试几次。

（11）选择"对象→混合→扩展"命令，将五线谱图形分解成单独的路径，解组后给每条路径赋予不同的色彩。如图 13-48 所示。

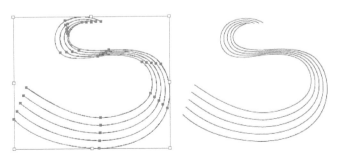

图 13-48　扩展混合图形

（12）用钢笔工具在五线谱外侧添加图形并填充上不同的色彩，增强动感与活力。如图 13-49 所示。

（13）再从文档"音符.ai"中，复制一些音符填色后放在五线谱合适的位置。如图 13-50

所示。

图 13-49　添加五线谱外侧的图形

图 13-50　给五线谱添加音符

（14）打开文档"音乐节背景.ai"，将所有背景图形复制进来，调整图层顺序和大小即可。如图 13-51 所示。

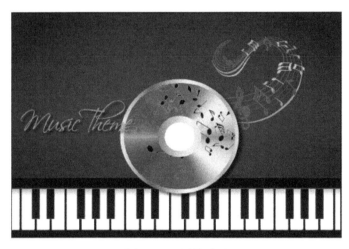

图 13-51　最终效果

13.6　本章小结与重点回顾

本章主要介绍了 Illustrator CC 中的蒙版、混合对象和封套扭曲。其中蒙版是图形学习中的重点和难点之一。希望通过本章的学习，使读者掌握 Illustrator CC 中高级路径的编辑方法，以便能用更多、更便捷的方式绘制出精美的图形。

 本章重点

- 掌握 Illustrator CC 的蒙版工具
- 学会使用混合工具
- 了解封套扭曲的不同编辑方式及应用

 习题 13

一、选择题

1．当创建不透明蒙版后，要想查看原图形的效果，可以通过哪种方式（　　）。
    A．"释放不透明蒙版"命令
    B．"停用不透明蒙版"命令
    C．"转换不透明蒙版"命令
    D．"删除不透明蒙版"命令
2．"混合工具"可以对不同图形对象之间的（　　）进行混合。
    A．颜色　　　　　　B．大小　　　　　　C．形状　　　　　　D．不透明度
3．Illustrator CC 提供了创建封套扭曲的方式，分别是（　　）。
    A．变形封套　　　B．网格封套　　　C．扭曲封套　　　D．用顶层对象建立封套

二、填空题

1．在 Illustrator 软件中，蒙版用于＿＿＿＿或＿＿＿＿图像中的某些部分。
2．蒙版包括＿＿＿＿和＿＿＿＿两种形式。
3．剪切蒙版和遮盖的对象总称为＿＿＿＿。
4．不透明蒙版在控制对象显示范围的基础上，还控制显示对象的＿＿＿＿效果。
5．当不透明蒙版为＿＿＿＿色时，则会完全显示图稿；当不透明蒙版为＿＿＿＿色时，则会完全隐藏图稿；不透明蒙版中的＿＿＿＿则呈现出不同程度的透明度。

第14章

Illustrator CC 的图层、效果与样式

内容导读

　　在 Illustrator CC 中，当在设计内容比较复杂、对象较多时，要跟踪画板中的所有项目绝非易事，应用图层可以单独对每一个图层内的图形进行编辑和修改，还可以重新安排图层顺序，灵活有效地管理对象，提高工作效率。在 Illustrator CC 中，除了运用普通工具进行创作以外，同时还需要运用一些工具绘制特殊效果。Illustrator CC 中所提供的效果命令，能够快速改变对象的外观，得到丰富的肌理效果，这些效果及其属性可以随时被更改或删除。图形样式是一组可以反复使用的外观属性，可以方便地更改图形外观。本章将详细介绍这些工具的使用方法，同时通过相关知识的实例来快速地掌握操作技巧。

14.1　包装制作

14.1.1　案例综述

　　本案例为制作一个音乐光盘外包装。效果如图 14-1 所示。

14.1.2　案例分析

　　在制作过程中，本案例主要应用到了以下制作方法：
（1）利用效果制作底图和文字的特殊纹理。
（2）利用样式制作文字特效。

图 14-1　音乐光盘包装效果图

（3）利用图层管理不同类别的图形。

14.1.3　实现步骤

（1）新建一个 200mm×200mm 大小、CMKY 模式、300ppi
的文档，保存名称为"音乐光盘包装.ai"。

（2）画一个与页面等大的矩形，用网格工具填充由蓝色、浅
蓝、黄色到绿色的渐变，再加以扭曲变形。如图 14-2 所示。

（3）选中底图，执行"效果→效果画廊→纹理→染色玻璃"
命令，单元格大小 42，边框粗细 1，光照强度 7。如图 14-3 所示。

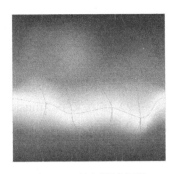

图 14-2　绘制渐变网格

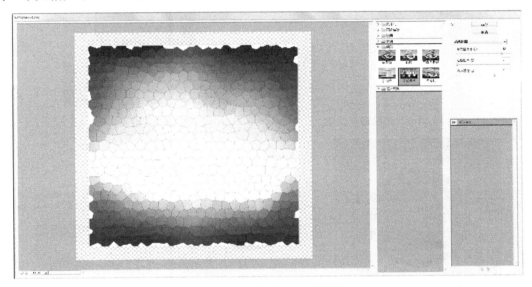

图 14-3　添加染色玻璃效果

（4）制作一个画面等大的矩形，填充渐变"色板库→渐变→色谱→暗色色谱"，在"透明
度"面板中，设置图层混合模式为"叠加"。如图 14-4 所示。

（5）将做好的底图调整大小，画一个与画面等大的矩形建立剪切蒙版，打开素材所提供的
文档"绿地球.ai"，复制地球图形至本文档中，调整位置及大小。如图 14-5 所示。

图 14-4　添加图层

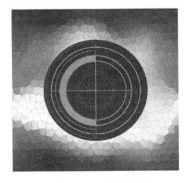

图 14-5　复制图形

（6）新建"图层2"。在新图层上用椭圆形工具画一个与地球等大的圆形，使用路径文字工具在圆形上输入"travel along with"，调整文字的首尾位置。如图14-6所示。

（7）将文字创建轮廓，颜色填充为白色，放在地球上方。如图14-7所示。

（8）在页面中心位置画一个矩形，填充颜色#1B939A，在"透明度"面板中，设置图层模式为"颜色减淡"，不透明度为80%。如图14-8所示。

（9）输入文字"music"，单击鼠标右键，选择"创建轮廓"命令，并填充黄绿色渐变。如图14-9所示。

图14-6　调整路径文字

图14-7　置入文字

图14-8　加入矩形

图14-9　给文字添加渐变

（10）选中文字，执行"效果→效果画廊→扭曲→海洋波纹"命令，波纹大小为14，波纹幅度为7。如图14-10所示。

图14-10　给文字加上海洋波纹效果

（11）选中文字，继续执行"效果→扭曲和变换→粗糙化"，大小为 5%，细节 20。如图 14-11 所示。

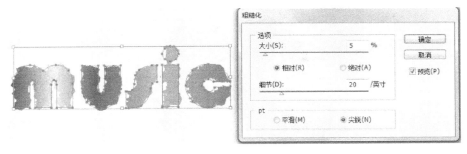

图 14-11　给文字加上粗糙化效果

（12）选中文字，执行"效果→风格化→投影"命令。如图 14-12 所示。

图 14-12　给文字加上投影

（13）新建"图层 3"，打开素材所提供的文档"绿地球.ai"，复制交通工具图形至"图层 3"中，调整位置与大小。再执行"效果→风格化→投影"命令。如图 14-13 所示。

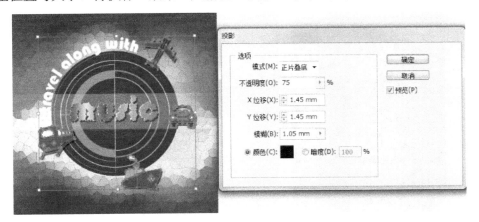

图 14-13　给图形加上投影

（14）新建"图层 4"。在新图层上输入文字"SIGN"，制作一个椭圆形，将文字和椭圆编组后添加上样式"蓝色霓虹"即可。如图 14-14 所示。

图 14-14　给文字添加样式

14.2　图层

在图形设计领域中，图层一个非常重要的概念，是组织、管理图形对象的有效工具，它可以将不同类型的对象进行分类后集合到相应的图层中，有利于实际编辑时的快速查找和定位，并且可以对每一个图层的对象进行锁定、隐藏、排序调整，进行独立编辑操作。

在 Illustrator CC 中，按"F7"键打开"图层"面板。面板中对文档中所有图形都进行了名称定义和顺序排列，可以方便地来区分管理不同的图层对象。如图 14-15 所示。

在"图层"面板中，不同的按钮选项对应着不同的图层操作。如图 14-16 所示。

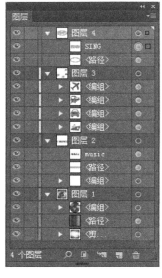

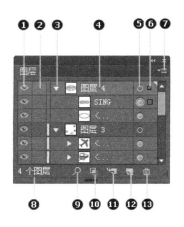

图 14-15　图层面板　　　　　　　　图 14-16　图层面板按钮选项

编号	名　　称	说　　明
①	切换可视性	单击此按钮，所在图层中的对象即被隐藏，再次单击恢复显示。按住"Ctrl"键的同时单击按钮，可以将此图层的图形在"预览视图"与"轮廓视图"之间转换
②	切换锁定	单击后出现锁的标志，表示此图层已被锁定，不能进行编辑。再次单击即可解锁
③	扩展箭头	如果图层前显示该箭头，则表示该图层下方包含有子图层。单击箭头，展开该图层，可以显示下方的所有子图层
④	缩览图和图层名称	在缩览图中可以看到本图层的图形对象，后面为图层名称，双击图层名称，可以对预设的名称进行修改
⑤	定位图层对象	单击后，单环标志变为双环标志，即表示已选中此图层上的所有对象
⑥	图层色彩标示	指示所选图层的色彩标示与图形定界框色彩
⑦	下拉菜单	单击下拉菜单，可以弹出相应的命令，进行各种详细的操作
⑧	图层数量	显示现有图层的数量，不包括子图层
⑨	定位对象	显示所定位的对象
⑩	建立/释放剪切蒙版	在图层中建立或释放剪切蒙版，图层中的顶部对象作为蒙版形状
⑪	创建新子图层	在所选图层下方新建一个子图层
⑫	创建新图层	在所选图层上方新建一个图层
⑬	删除所选图层	将选定的图层删除

14.3　效果

在 Illustrator CC 中，"效果"菜单下提供了许多用来更改对象外观的命令。效果的工作原理与 Photoshop 中的滤镜相似，而且也可以为位图添加效果。将一种效果应用于对象后，在"外观"面板中便会列出该效果，通过"外观"面板，用户可以对该效果进行编辑、移动、复制、删除等操作。这些效果被分为两大类：Illustrator 效果和 Photoshop 效果。

14.3.1　Illustrator 效果

"效果"菜单的上半部分是 Illustrator 效果，这些效果只能应用于矢量对象，或者某个位图对象的填色或描边。但是 3D 效果、SVG 滤镜、变形效果、变换效果、投影、羽化、内发光以及外发光等效果可以同时应用于矢量对象和位图对象。

Illustrator 效果应用介绍如下。

效　果　名　称	应　用　描　述	典型效果图例
3D	利用 3D 效果可以将平面图形创建为 3D 图形，并设置图形的类型、光线和方向等参数。另外，还可以把需要的图片粘附于三维图形的表面	凸出和斜角

续表

效 果 名 称	应 用 描 述	典型效果图例
SVG 滤镜	用来向形状和文本添加各种特殊的效果	AI_斜角阴影_1
变形	可以对选择的对象进行各种的弯曲效果设置。 选择"变形"菜单下的任一命令，都会打开"变形选项"对话框，在"样式"栏中选择不同的样式进行变形和设置	弧形
扭曲和变换	可以对选择的对象进行各种变形或扭曲	扭拧
栅格化	效果下的栅格化只是一种效果，所以在执行后，物体首先会在外观上转换成位图，但是它的实质还是矢量的，依然可以编辑。只有执行了"对象→扩展外观"后，才会转换成真正的位图	栅格化
裁剪标记	可以对选定的对象创建裁剪标记，以便于印刷后期制作。执行该滤镜后，对象四周会出现剪裁线	裁剪标记
路径	可以对图形对象或描边和进行位移或轮廓化	位移路径
路径查找器	仅可应用于组、图层和文本对象。应用效果后，仍可以选择和编辑原始对象	路径查找器

续表

效 果 名 称	应 用 描 述	典型效果图例
转换为形状	可以给图形添加不同形状的外框，如果不适合就可以直接修改效果而无需重画	椭圆
风格化	可以为矢量对象添加箭头、投影、发光和羽化等特殊效果	内发光

14.3.2　Photoshop 效果

在 Illustrator CC 中，"效果"菜单的下半部分是 Photoshop 效果，是用来生成像素的效果，可以将它们应用于矢量对象或位图对象。需要注意的是，无论何时应用栅格效果，Illustrator 都会使用"文档的栅格效果设置"来确定最终图像的分辨率，这些设置对于最终图稿有着很大的影响，因此，在使用效果之前，一定要先检查一下文档的栅格效果设置，这一点十分重要。执行"效果→文档栅格效果设置"命令，就可以设置文档的栅格化选项。如图 14-17 所示。

在 Photoshop 效果中，"效果画廊"选项与 Photoshop 中的滤镜库选项非常类似，得到的效果也相似。选中对象后，执行"效果→效果画廊"命令或单击"外观"面板底部的按钮 fx.，选择"效果画廊"命令，都可以打开"效果画廊"面板。在面板中，以缩览图的形式列出来像素化、画笔描边、艺术效果、风格化等效果类型。如图 14-18 所示。

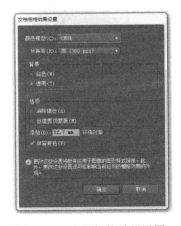

图 14-17　文档栅格效果设置

图 14-18　效果画廊面板

"效果画廊"面板的左边是所选图形的预览区，可以通过缩放调节预览视图；面板的中部是效果工具集，每一个效果命令都对应一个缩览图，能够快捷方便地浏览效果应用后的变换。

面板右边的上部为效果的属性设置区，可以通过修改参数来调节效果。面板右边的下部为效果层的设置区，可以像设置图层那样，把不同的效果进行叠加、删除、隐藏。

Photoshop 效果应用介绍如下。

效 果 名 称	应 用 描 述	典型效果图例
像素化	使图像产生不同的像素化效果，形成具有颗粒感的效果。包括彩色半调、晶格化、点状化、铜板雕刻	彩色半调
扭曲	使图像产生几何扭曲，产生不同的纹理。包括扩散亮光、海洋波纹、玻璃	玻璃
模糊	使图像边缘产生模糊柔和的效果，或呈现出运动、速度的轨迹。包括径向模糊、特殊模糊、高斯模糊	径向模糊
画笔描边	通过使用不同的画笔笔触和描边，表现图像的绘画质感或美术效果。包括喷溅、喷色描边、墨水轮廓、强化的边缘、成角的线条、深色线条、烟灰墨、阴影线	墨水轮廓
素描	可以对图像添加各种纹理，或创建类似于手绘的效果。包括便条纸、半调图案、图章、基底凸现、影印、撕边、水彩画纸、炭笔、炭精笔、石膏、粉笔和炭笔、绘图笔、网状、铬黄	基底凸现
纹理	可以为图像创建多种纹理效果，也可以通过载入自定义纹理创建更多独特的纹理效果。包括拼缀图、染色玻璃、纹理化、颗粒、马赛克拼贴、龟裂缝	拼缀图

续表

效果名称	应用描述	典型效果图例
艺术效果	可以模拟各种不同形式的绘画效果。包括塑料包装、壁画、干画笔、底纹效果、彩色铅笔、木刻、水彩、海报边缘、海绵、涂抹棒、粗糙蜡笔、绘画涂抹、胶片颗粒、调色刀、霓虹灯光	 海报边缘
视频	主要对视频生成的图像进行编辑或删除不必要的行频，或将其颜色模式进行转换。包括 NTSC 颜色、逐行	 逐行
风格化	以图像边缘为基准，照亮边缘线条，创建类似于黑夜中霓虹灯的光照效果	 照亮边缘

14.4　图形样式

在 Illustrator CC 中包含有多种不同类型的图形样式。通过图形样式，可以快速改变图形外观，还可以对一个图形应用多种样式；更为便捷的是，已经应用的图形样式都可以再进行重新编辑修改。此外，在 Illustrator CC 中，还提供了丰富的图形样式库，可以轻松为图形创建各种风格的外观效果。

打开“窗口→图形样式”命令，打开“图形样式”面板。在“图形样式”面板上部，显示出现在可以应用的图形样式缩览图；下部的小按钮分别为图形样式库菜单、断开图形样式链接、新建图形样式、删除图形样式。在“图形样式”右上角，单击下拉菜单，也可以选择新建、复制、删除图形样式等操作。如图 14-19 所示。

图形样式可应用于对象、组和图层，如果将图形样式应用于组和图层时，组和图层内的所有对象都具有图形样式的外观与属性。选择一个对象、组或图层，在“图形样式”面板或图形样式库中单击任意一种图形样式，即可将该图形样式应用到所选对象上。如图 14-20 所示。

如果需要新建一个图形样式，可单击“图形样式”面板底部的“新建图形样式”按钮，或选择下拉菜单中的“新建图形样式”命令，在打开的“图形样式选项”对话框中，输入样式名称，单击“确定”即可。

若要删除一个图形样式，可单击“图形样式”面板底部的“删除图形样式”按钮，或选择下拉菜单中的“删除图形样式”命令，在弹出的信息提示框中选择“是”，单击“确定”即可。

图 14-19　图形样式面板

图 14-20　应用图形样式效果

　　图形样式与应用这种图形样式的图形对象之间存在着链接关系，如果图形样式有所改变，那么应用这种样式的对象效果也会发生改变。为了避免这种情况，就需要断开它们之间的链接。方法为，在选择了应用图形样式的对象后，单击图形样式面板底部的"断开图形样式链接"按钮，或选择下拉菜单中的"断开图形样式链接"命令。

14.5　实战演练

1．实战效果

制作一幅音乐光盘的盘面设计，效果如图 14-21 所示。

2．制作要求

（1）熟练利用图层分层次制作。

（2）能够利用相应的效果得到所需外观。

（3）掌握图形样式的应用。

3．操作提示

（1）新建一个 200mm×200mm 大小、RGB 模式的文档，保存名称为"盘面设计.ai"。

（2）新建一个正圆形，用色板库中的"渐变→金属→钢"填充。如图 14-22 所示。

图 14-21　音乐光盘盘面设计效果图

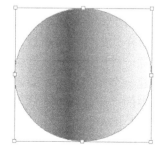

图 14-22　制作渐变

（3）再制作大小两个正圆，打开"路径查找器"面板，选择"减去顶层"选项，用大圆减去小圆，得到中心镂空效果，填充白色。如图 14-23 所示。

（4）用同样的方式画一系列圆形，调整大小和图层顺序，形成光盘底面的样子。如图 14-24 所示。

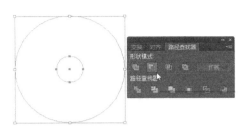

图 14-23　镂空圆形中心　　　　　　图 14-24　制作光盘底面

（5）新建一个图层。制作大小两个正圆，再次利用"路径查找器"面板，新建一个环形，填充由蓝到黄的渐变。如图 14-25 所示。

（6）将环形在"透明度"面板中的混合模式设置为"正片叠底"。再复制两个环形，相互错位排列。如图 14-26 所示。

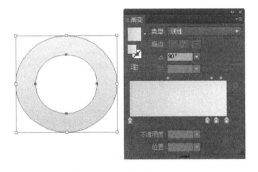

图 14-25　填充渐变环形　　　　　　图 14-26　环形叠加的效果

（7）沿环形部分的外圈用钢笔工具绘制树叶形状，依旧填充由蓝到黄的渐变，但是使渐变的始末位置不同，形成色彩略有差异的渐变。如图 14-27 所示。

（8）选中树叶部分，添加图形样式。如图 14-28 所示。

图 14-27　绘制树叶形状　　　　　　图 14-28　添加图形样式

（9）新建图层，用椭圆形工具画一个椭圆，再用转换锚点工具点击两端的锚点，形成树叶的形状。如图 14-29 所示。

（10）复制树叶形状，变换大小，并添加图形样式。如图 14-30 所示。

图 14-29　用椭圆工具画树叶　　　　　　　　图 14-30　制作树叶标志

（11）添加文字"spring"和"THE SONG OF THE SPRING"，色彩为#4A7C36。如图 14-31 所示。

（12）给盘面添加"效果→风格化→投影"效果。如图 14-32 所示。

图 14-31　添加文字　　　　　　　　　　　　图 14-32　添加投影效果

（13）调整所有图形的大小位置，效果如图 14-33 所示。

图 14-33　最终效果

14.6　本章小结与重点回顾

本章主要介绍了 Illustrator CC 中图层的使用，重点介绍了效果的应用，以及图形样式的制作方式。最后通过实例操作使读者方便、快捷地掌握绘制特殊效果图形的方法。

 本章重点

- 了解 Illustrator CC 的图层及应用
- 掌握如何利用效果制作出独特的外观
- 掌握图形样式的使用

 习题 14

一、选择题

1. 在图层中，可以对每一个图层的对象单独进行哪些操作（　　　）。
   　A. 锁定　　　　　　　　　　　B. 隐藏
   　C. 排序调整　　　　　　　　　D. 删除
2. 以下不属于位图效果的是（　　　）
   　A. 扭曲　　　　　　　　　　　B. 模糊
   　C. 视频　　　　　　　　　　　D. 3D
3. 要快速应用最近刚刚使用过的效果，可使用快捷键（　　　）
   　A. Shift+Ctrl+E　　　　　　　B. Ctrl+E
   　C. Alt+E　　　　　　　　　　 D. Shift+ Alt +E

二、填空题

1. 在 Illustrator 软件中，使用_____是一个非常有效的管理对象的方法。
2. Illustrator CC 中所提供的_____命令，能够快速改变对象的外观，得到特殊的肌理效果。
3. _____是一组可以反复使用的外观属性。
4. "效果"菜单下提供了许多用来更改对象外观的效果命令，它们被分为两大类：_____效果和_____效果。